Christopher Schmidt

Die Kraniche der Welt

Gedruckt auf
100% Recyclingpapier

Christopher Schmidt

Die Kraniche der Welt

pala verlag

Inhalt

Liebe Leserin, lieber Leser,

Kraniche verbinden.

Sie verbinden die Kontinente, über die sie ziehen.

Sie verbinden ihre Partnerschaft durch elegante Tänze, markante Rufe und oft durch Treue. Sie verbinden Lebensräume miteinander, vom entlegenen hochnordischen Waldmoor bis zur afrikanischen Savanne.

Sie verbinden das geheimnisvoll unsichtbare Geschehen während der Brutzeit mit dem auffälligen Auftreten während der Zugzeit und im Überwinterungsgebiet. Sie verbinden das individuelle Leben mit dem Erscheinen in großen Trupps.

Und sie verbinden den Menschen mit dem Kommen und Gehen der Jahreszeiten. Sie verbinden ihn mit der Bedeutung, dem Schönen, der Vielseitigkeit und der Zerbrechlichkeit der Natur, mit Ästhetik, mit dem Geheimnisvollen, dem Lebendigen, mit Fernweh, Faszination, Sehnsucht und anderen Emotionen, die bewegen. Und das alles unaufdringlich und authentisch.

Deswegen sind uns die Vögel des Glücks so nah.

Und deswegen ist dieses Buch entstanden.

Es setzt sich zum Ziel, die 15 Kranicharten dieser Welt ausführlich und übersichtlich vorzustellen, die Lebensweise, das Aussehen, die Besonderheiten zu präsentieren und durch viele Aquarelle und Fachtexte zu untermalen.

Nicht alle Kranicharten der Welt durfte ich bisher in freier Natur erleben, aber doch die meisten. Und wenn ich nach langer Suche bisher keine Mandschurenkraniche in ihrem kleinen und unregelmäßig besetzten Brutrevier im Osten der Mongolei

gefunden habe, so durfte ich dort doch ihren Lebensraum kennenlernen, in dem mir Mönchskraniche, Graukraniche, Jungfernkraniche und Weißnackenkraniche begegnet sind. In Texas hatte ich das Glück, die schneeweißen Schreikraniche und die unscheinbaren Kanadakraniche bei ihrer Nahrungssuche in den Salzmarschen zu studieren. In Westafrika sind mir oft die Schwarzen Kronenkraniche begegnet, und in meiner Heimat brüten die Graukraniche 500 Meter entfernt von der Hofeinfahrt. Es ist ein großes Glück, ein solches Artenspektrum jenseits der Tierparks erlebt haben zu dürfen.

Ich wünsche Ihnen sehr, dass Sie viel Neues über diese wunderbare Vogelfamilie lernen, dass Sie aber auch jenseits des Lernens staunen können über das, was die Natur an Schönem, an Einzigartigem und Bewundernswertem hervorgebracht hat, und Sie die Lebendigkeit der Vögel selbst zur Ruhe bringt, sodass Sie etwas glücklicher werden durch die »Vögel des Glücks«.

Allgemeines über Kraniche

Die Kranicharten der Welt

Insgesamt gibt es weltweit 15 Kranicharten auf fünf Kontinenten. Lediglich in Südamerika und in der Antarktis kommen keine Kraniche vor, wenngleich Fossilien belegen, dass auch in Südamerika Vorfahren der heutigen Kraniche lebten. Die meisten der Vertreter dieser Gruppe leben in Asien (neun Arten) und Afrika (sechs Arten). Manche Kontinente werden von einigen Arten nur zu einer bestimmten Jahreszeit aufgesucht. So kommt der europäische Graukranich beispielsweise nur während des Winters in Afrika vor, er brütet dort aber nicht. In den Artmonographien ab Seite 53 werden die genauen Aufenthaltsorte je nach Jahreszeit aufgeführt.

Bild links: die 15 Kranicharten der Welt, von links nach rechts:
oben: Jungfernkranich, Paradieskranich, Kanadakranich, Mönchskranich, Graukranich
Mitte: Schwarzhalskranich, Mandschurenkranich, Schreikranich, Weißnackenkranich, Schneekranich
unten: Schwarzer Kronenkranich, Grauer Kronenkranich, Klunkerkranich, Brolga, Saruskranich

Die 15 Kranicharten der Welt

Deutscher Name Zoologischer Name	Größe	Spannweite	Gewicht	Bestandszahl (Individuen)
Graukranich Grus grus	110 – 130 cm	220 – 245 cm	4,0 – 7,0 kg	600 000 – 800 000
Jungfernkranich Anthropoides virgo / Grus virgo	85 – 100 cm	165 – 185 cm	2,5 – 3,5 kg	270 000 – 300 000
Paradieskranich Anthropoides paradiseus / Grus paradiseus	100 – 120 cm	170 – 180 cm	4,0 – 5,5 kg	25 000 – 30 000
Schneekranich Leucogeranus leucogeranus	125 – 140 cm	240 – 260 cm	5,0 – 8,0 kg	3600 – 4000
Kanadakranich Grus canadensis / Antigone canadensis	90 – 120 cm	175 – 195 cm	3,8 – 4,5 kg	830 000
Schreikranich Grus americana	115 – 130 cm	230 – 250 cm	6,5 – 8,0 kg	650
Mandschurenkranich Grus japonensis	150 – 160 cm	250 – 270 cm	6,5 – 12,0 kg	2800 – 3500
Mönchskranich Grus monacha	100 – 115 cm	170 – 180 cm	2,5 – 4,0 kg	14 500 – 16 000
Schwarzhalskranich Grus nigricollis	110 – 130 cm	220 – 240 cm	4,0 – 7,0 kg	10 000 – 10 200
Weißnackenkranich Antigone vipio	120 – 140 cm	230 – 250 cm	4,5 – 6,5 kg	5700 – 6700
Klunkerkranich Bugeranus carunculatus / Grus carunculatus	150 – 170 cm	240 – 255 cm	7,0 – 9,0 kg	7000 – 8000
Saruskranich Bugeranus antigone / Antigone antigone	160 – 180 cm	240 – 250 cm	7,0 – 9,0 kg	10 000 – 15 000
Brolga Antigone rubicunda	140 – 160 cm	200 – 230 cm	7,0 – 8,3 kg	50 000 – 70 000
Schwarzer Kronenkranich Balearica pavonina	90 – 100 cm	190 – 200 cm	3,0 – 4,0 kg	43 000 – 70 000
Grauer Kronenkranich Balearica regulorum	100 – 120 cm	190 – 200 cm	3,5 – 4,5 kg	26 500 – 33 500

Insgesamt gibt es mit den Gattungen *Anthropoides, Antigone, Bugeranus, Balearica, Grus* und *Leucogeranus* sechs Gattungen, denen die 15 Kranicharten zugeordnet werden. Zum Teil sind zwei Gattungsnamen vergeben, weil die Zugehörigkeit dieser Arten zu bestimmten Gattungen noch genetisch untersucht wird.

- Graukranich *(Grus grus):* Europa, Asien, Afrika
- Jungfernkranich *(Anthropoides / Grus virgo):* Asien, Afrika
- Paradieskranich *(Anthropoides / Grus paradiseus):* Afrika
- Schneekranich *(Leucogeranus leucogeranus):* Europa, Asien
- Kanadakranich *(Antigone canadensis):* Asien, Nordamerika
- Schreikranich *(Grus americana):* Nordamerika
- Mandschurenkranich *(Grus japonensis):* Asien
- Mönchskranich *(Grus monacha):* Asien
- Schwarzhalskranich *(Grus nigricollis):* Asien
- Weißnackenkranich *(Antigone vipio):* Asien
- Klunkerkranich *(Bugeranus / Grus carunculatus):* Afrika
- Saruskranich *(Bugeranus / Antigone antigone):* Asien, Australien
- Brolga *(Antigone rubicunda):* Australien
- Schwarzer Kronenkranich *(Balearica pavonina):* Afrika
- Grauer Kronenkranich *(Balearica regulorum):* Afrika

Körperbau des Graukranichs
Erklärung zum Bild auf der folgenden Seite

1: Handschwingen
2: Armschwingen
3: zu Schmuckfedern umgewandelte Armschwingen
4: Große Handdecken
5: Große Armdecken
6: Mittlere Handdecken
7: Alula
8: Rückengefieder
9: Flügeldecken

Körperbau

Die Kraniche zeichnen sich vor allem durch ihre Körpergröße aus. So ist der größte Kranich der Erde, der Saruskranich, bis zu 180 Zentimeter hoch, während die kleinste Art mit 90 Zentimetern der Jungfernkranich ist. Damit gehören Kraniche zu den größten flugfähigen Vögeln der Welt. Das Gewicht liegt bei maximal 12 Kilogramm und wurde von einem asiatischen Mandschurenkranich kurz vor seinem Abflug in das Winterquartier erreicht – ein Zeitpunkt, zu dem es besonders wichtig ist, viel Energie zu besitzen, um möglichst lange Zugstrecken ohne Zwischenrast zu überbrücken.

Trotz ihrer Ähnlichkeit zu Reihern sind Kraniche mit diesen nicht verwandt. Im Flug kann man die Gruppen unter anderem daran unterscheiden, dass Reiher mit zurückgelegtem Hals fliegen, die Kraniche mit ausgestrecktem Hals.

Die Flügelspannweite der Kraniche beträgt zwischen 160 und 250 Zentimeter. Mit diesen Spannweiten können sie durchaus mit verschiedenen Adlerarten mithalten, und ein erwachsener Mann könnte sich bequem auf den Flügeln eines Saruskranichs ausbreiten.

Als Besonderheit zu anderen Vogelarten besitzen die Kraniche zudem eine bis zu 130 Zentimeter lange Luftröhre, die einen ganz besonderen Bau hat und in einer Doppelschleife das Brustbein durchzieht. Dadurch sind Kraniche in der Lage, ihre weithin hörbaren Laute auszustoßen. Das althochdeutsche Wort für »Kranich«, »kranuh«, ahmt diesen Ruf lautmalerisch nach und gibt dieser Vogelgruppe den deutschen Namen. Bei den Jungvögeln muss diese Luftröhre erst noch wachsen, ihre Rufe klingen daher im ersten Jahr ganz ungewöhnlich hoch fiepend. Auch beim Grauen und beim Schwarzen Kronenkranich ist diese Luftröhre anders entwickelt, sodass deren Rufe weniger imposant klingen.

Über die Federn als wichtiges morphologisches Merkmal berichte ich ab Seite 25.

Bild links: Körperbau des Graukranichs, Bilderklärung siehe Seite 11

Evolution

Die Entwicklung der Kraniche begann vermutlich vor etwa 35 Millionen Jahren im Erdzeitalter Eozän, in dem sich auch die Säugetiere stark entwickelten. Die ältesten Fossilien wurden in Europa unter anderem in Frankreich, England, Deutschland und Spanien gefunden. Aus Nordamerika stammen etwa 10 Millionen Jahre alte Fossilienfunde, welche am allermeisten der heute lebenden Gattung der beiden afrikanischen Kronenkranicharten ähneln. Es wird davon ausgegangen, dass diese Gattung in damaliger Zeit mit mehreren Arten in Nordamerika vertreten war – in einer Zeit, in der aufgrund einer Klimaerwärmung das nordamerikanische Klima dem jetzigen afrikanischen ähnelte. Es ist erstaunlich, dass aus den heutigen Hauptverbreitungsgebieten der Kraniche in Ostafrika und Zentralasien keine derart alten Fossilienfunde existieren.

Verbreitung

Kraniche kommen bis auf die Antarktis und Südamerika auf fast allen Kontinenten vor. Je nach Art besiedeln sie in unterschiedlichen Klimazonen verschiedenartige Lebensräume, wobei das Vorhandensein von Wasser eine wichtige Voraussetzung ist. Viele Arten sind Zugvögel, die in vielen Fällen festgelegten Zugrouten folgen.

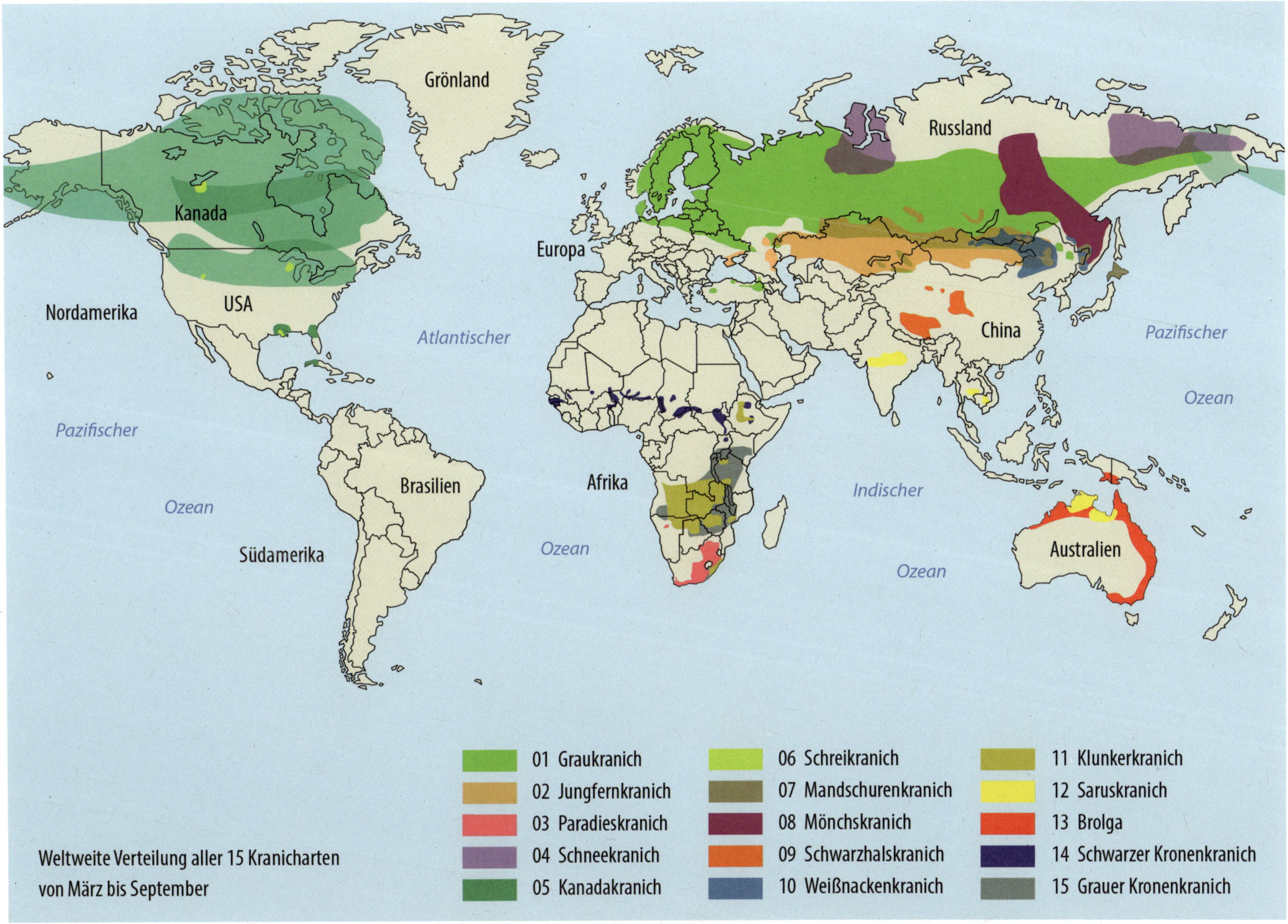

Weltweite Verteilung aller 15 Kranicharten von März bis September

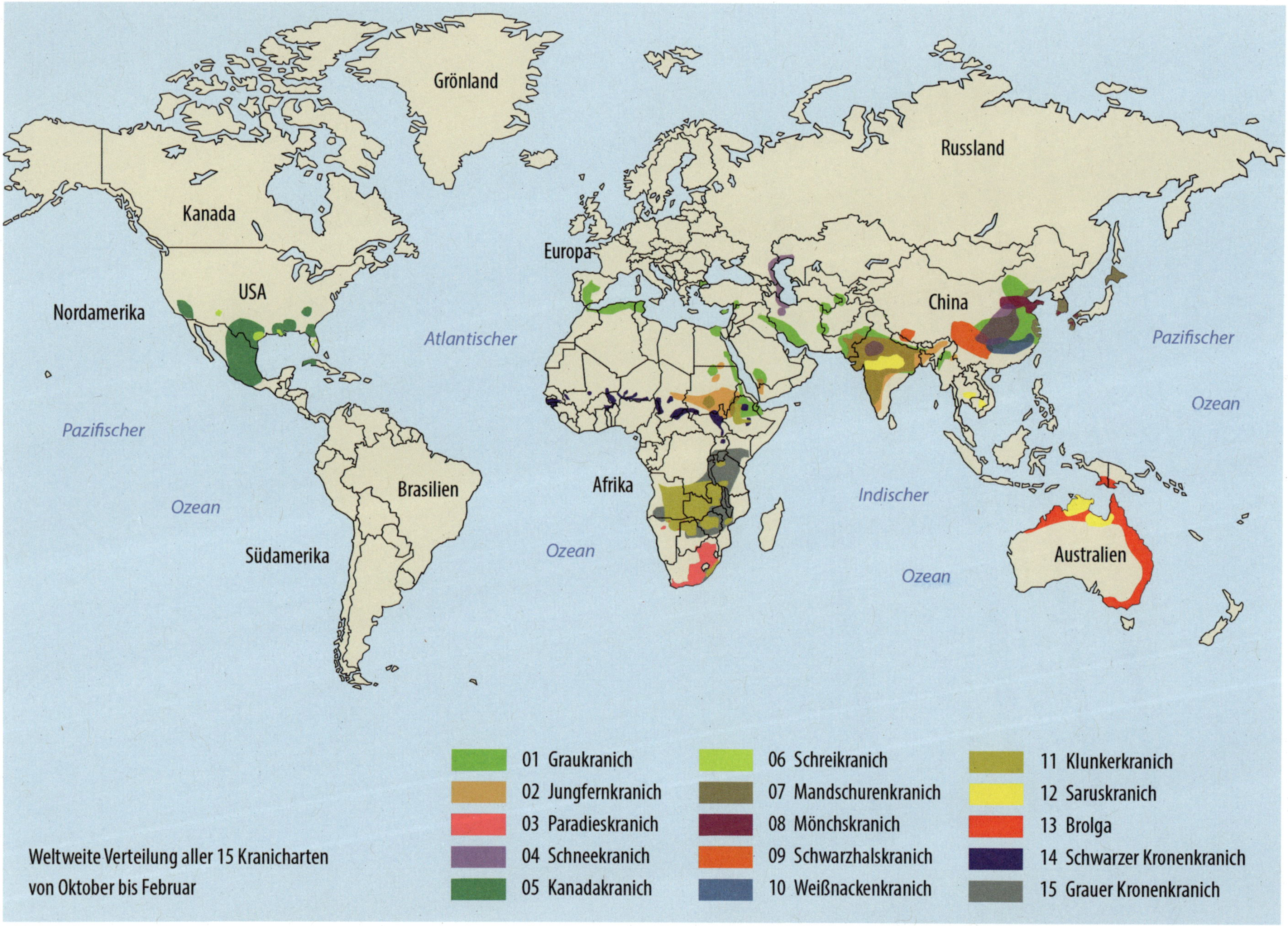

Weltweite Verteilung aller 15 Kranicharten von Oktober bis Februar

Der Kranichzug

In großen Formationen ziehen Kraniche auf dem Weg von ihren Rastgebieten in die Überwinterungsgebiete und wieder zurück in die Brutheimat. Ihre Rufe kündigen das Kommen und Gehen dieser imposanten Vögel an und haben seit Menschengedenken die Emotionen beflügelt. Auf weitgehend festgelegten Routen wandern sie in ihre Zielrichtung, orientieren sich tagsüber an Landmarken wie Flussläufen, Bergketten und Küstenlinien, während sie sich nachts an Sternbildern orientieren, dem Erdmagnetfeld und Ort des Sonnenuntergangs. Selbst die nächtlichen Lichtquellen von Städten und Straßen werden in neuerer Zeit als Orientierungshilfen vermutet.

Als sogenannte »Schmalfrontenzieher« sind Kraniche in ihrem Zugverhalten und aktiven Flugverhalten nicht so von der Thermik der aufsteigenden Luft abhängig wie beispielsweise Störche oder viele Greifvögel, die sich mit ihren breiten Flügeln (die der Kraniche sind im Vergleich dazu eher schmal) von der Luft tragen lassen. Die Zugwege werden seit Generationen weitgehend beibehalten, wenngleich es immer wieder zu Verschiebungen kommen kann, wenn neue Rastgebiete entstehen oder gewohnte Rastgebiete zerstört werden. Die Zugleistungen der Kraniche sind dabei enorm: Im Extremfall können Schwärme 24 Stunden ohne Unterbrechung unterwegs sein und dabei Strecken von bis zu 2000 Kilometern zurücklegen. Normalerweise fliegen sie dabei tagsüber in Höhen von etwa 500 Metern, doch kommt es – vor allem auch in der Nacht – zu Zughöhen von 4000 Metern, und im Extremfall wurden ziehende Jungfernkraniche beim Überqueren des Himalayas auch schon in 8000 Meter Höhe gesichtet. Die Zuggeschwindigkeit beträgt um die 60 Kilometer pro Stunde. Eine genaue Aussage darüber, wie lange die Kraniche in ihre Überwinterungsgebiete unterwegs sind, lässt sich nur sehr schwer treffen. Bei Schwarzhalskranichen, die nicht sehr weit ziehen und aufgrund der Morphologie der Landschaft wenige Rastplätze zur Verfügung haben, kann dieser Zug nach zwei Wochen beendet sein, bei europäischen Graukranichen nach zwei Monaten.

Die bekannten Flugformationen in Form eines »V« haben einen energetischen Vorteil: Die hinter dem Leittier fliegenden Vögel müssen für das Vorankommen weniger Energie aufwenden. Damit aber ein »Kräftegleichgewicht« innerhalb des Schwarmes besteht, wechseln sich die Leittiere in regelmäßigen Abständen ab.

Die mit den Altvögeln ziehenden Jungvögel lernen durch die gemeinsame Reise ihren Zugweg kennen. Aber nicht nur das: Während der gemeinsamen Rast in den Familienverbänden innerhalb der großen Schar im Herbst rastender Kraniche lernen sie auch die sozialen Verhaltensweisen kennen, die Bedeutung auffälliger Körperbewegungen (»Kranichtanz«) und verschiedener Rufe. Bis in das Frühjahr des kommenden Jahres bleiben die Familienverbände zusammen und sind dies oft auch noch beim Eintreffen in den Brutgebieten. Die relativ lange Herbstrast der Kraniche an tradierten Rastplätzen bietet den Jungvögeln zum einen ausreichend Zeit, um sich in die Sozialstrukturen einzufügen. Zum anderen kann aber in dieser langen Zeit auch ausreichend Nahrung aufgenommen werden, um sich für weite Zugwege vorzubereiten. Aufgrund der wärmeren Winter und einer dauerhafteren Nahrungsverfügbarkeit in den Brutgebieten oder an Sammelplätzen verkürzen sich die Zugwege zumindest bei den Graukranichen in Europa immer mehr oder es findet gar kein Zug mehr statt. Immer mehr Kraniche verbleiben ganzjährig in ihren Brutgebieten. Das hat Vorteile: Wer zuerst in einem bekannten und guten Brutgebiet erscheint, hat höhere Chancen auf eine erfolgreiche Jungenaufzucht und spart sich zudem den energetisch aufwendigen Zug mit all seinen Gefahren.

Die Aufenthaltsdauer während der Herbstrast ist länger als die im Frühjahr. Sie wird in erster Linie bestimmt von der Nahrungsverfügbarkeit und den Witterungsbedingungen. Normalerweise verlassen die Kraniche mit Eintreffen einer Kaltfront nach einer längeren Rastperiode das Areal und wandern, mit mehreren Zwischenstopps an geeigneten und traditionellen Rastgebieten, ihrem letztendlichen Überwinterungsquartier entgegen.

Tanzposen

Die bekanntesten Verhaltensweisen der Kraniche sind die eindrucksvollen Kranichtänze, bei denen Paare gebildet, Ehen gefestigt oder auch Reviere abgegrenzt werden. Aber nicht nur dazu dienen sie: Ebenso sind sie Ausdruck von Stimmungen, von Ansprüchen auf Nahrung, den Partner, oder aber die Vögel zeigen damit den Raum, den sie für sich selbst beanspruchen in Distanz zu Artgenossen – und so tauchen diese Kranichtänze schon bei Jungvögeln nach dem Flüggewerden im Spätherbst auf. Bei den klassischen Kranichtänzen, die vor allem kurz vor der Brutzeit aufgeführt werden, aber prinzipiell zu jeder Jahreszeit getanzt werden, kann man Luftsprünge und Verbeugungen beobachten, die Hälse werden verrenkt, die Schmuckfedern zur Schau gestellt und es wird im Duett gerufen, während die Hälse und Schnäbel nach oben gehalten werden.

Die auffälligen Federn, die sich am Hinterrücken vieler Kraniche befinden und während der Balzposen am deutlichsten präsentiert werden, sind keine Schwanzfedern, wie oft behauptet wird, sondern strukturell veränderte und verlängerte Armschwingen, die zu Schmuckfedern umgestaltet wurden. Beim Grauen und beim Schwarzen Kronenkranich sind sie am kürzesten, während sie bei dem Paradieskranich bis auf den Boden reichen.

Selbst wenn die so auffälligen Kranichtänze unter anderem der Paarbindung dienen, ist noch lange nicht gewährleistet, dass Kraniche tatsächlich ein Leben lang zusammenbleiben. Bei einigen Kranicharten wie dem europäischen Graukranich und dem Kanadakranich wurde beispielsweise festgestellt, dass sich jüngere Paare schneller trennen, wenn sie erfolglos brüten. Erfolgreiches Brüten dagegen festigt die Kranich-Ehe.

Bild rechts: Tanzposen von Kranichen, von links nach rechts:
oben: Graukranich, Schreikranich, Jungfernkranich, Schneekranich
Mitte: Paradieskranich
unten: Weißnackenkranich, Mönchskranich, Mandschurenkraniche

Kopfportraits

Schon allein die Kopfportraits der Kraniche verraten viel über die Lebensweise der großen Vögel. Am deutlichsten wird dies, wenn man sich die unterschiedlichen Schnabelformen und Schnabellängen anschaut: Jungfernkraniche, Paradieskraniche, Graue und Schwarze Kronenkraniche besitzen relativ kurze und kräftige Schnäbel. Diese können ideal dazu eingesetzt werden, um Nahrung von trockenen und harten Böden aufzunehmen. Jungfernkraniche brüten vornehmlich in den trockenen asiatischen Steppen. Dort ernähren sie sich von Insekten, von Wildtulpensamen oder Grassamen, die sie von der Bodenoberfläche aufnehmen. Während des Zuges und im asiatischen oder afrikanischen Überwinterungsquartier ist bei dieser Vogelart Getreide eine entscheidende Nahrungsquelle. Kronenkraniche und Paradieskraniche als Bewohner afrikanischer Steppen haben ein vergleichbares Nahrungsspektrum, wobei Kronenkraniche häufig durch Trampeln mit den Füßen auf dem Boden erreichen, dass sich Insekten, wie die sonst gut versteckten Heuschrecken, bewegen. Diese ergänzen dann den Speiseplan der Vögel.

Dem gegenüber stehen die relativ langen Schnäbel der Schneekraniche. Die Vögel nutzen sie in weichem Substrat oder Wasser, um an Wurzeln, unterirdische Triebe, Knospen von Wasserpflanzen, zum Beispiel die der Lotusblumen, an Fische, Mollusken oder Insekten zu gelangen. In ihren ostsibirischen Brutgebieten spielen Beeren eine wichtige Rolle, sodass der Schnabel recht fein sein muss, um die Beeren ganz gezielt abpicken zu können. Auch die nordamerikanischen Schreikraniche ernähren sich zu einem nennenswerten Anteil aquatisch, also aus dem Wasser, sodass auch bei ihnen ein eher langer Schnabel hilfreich bei der Nahrungssuche ist.

Die längsten Schnäbel unter den Kranichen besitzen Saruskaniche und Klunkerkraniche. Letztere haben allgemein den kräftigsten Schnabel in dieser Gruppe. Er gewährleistet, dass sie in ihrem afrikanischen Lebensraum sowohl in Feuchtgebieten als

Bild links: Kopfporträts der 15 Kranicharten der Welt, von links nach rechts:
ganz oben: Graukranich, Kanadakranich, Jungfernkranich, Schneekranich
2. von oben: Klunkerkranich, Mönchskranich, Paradieskranich, Schreikranich
3. von oben: Grauer Kronenkranich, Saruskranich, Weißnackenkranich, Schwarzhalskranich
unten: Schwarzer Kronenkranich, Brolga, Mandschurenkranich

auch in trockeneren Arealen an tiefer im Boden vorkommende Nahrungsquellen gelangen.

Die genannten Arten sind in Hinsicht auf die Schnabellängen auffällige Beispiele innerhalb ihrer Gruppe. Die Schnabellängen der anderen Kranicharten stellen ebenfalls eine Anpassung an die Erreichbarkeit ihrer Nahrung hinsichtlich des Bodensubstrates sowie an die Form und Härte der Nahrung dar. Je länger ein Schnabel ist, desto tiefer im Boden können Nahrungsquellen erschlossen werden. Je feiner und pinzettenförmiger der Schnabel ist, desto filigraner kann die Nahrung aufgenommen werden.

Viele Kranicharten haben auf ihren Köpfen auffällig rote Partien, die bei oberflächlicher Betrachtung für Befiederung gehalten werden könnten. Es handelt sich allerdings um unbefiederte Körperbereiche, bei denen die Haut der Altvögel deutlich rot sichtbar ist. Die Intensität und die Ausdehnung dieser Rotfärbung variieren, sind abhängig vom Grad der Erregung und am auffälligsten während der Brutzeit, während sie zu anderen Zeiten fast unsichtbar und von Federn verdeckt sein können. Zusätzlich ist der Kehlbereich vieler Kranicharten unbefiedert, am auffälligsten zeigt sich dies bei den Kronenkranichen. Der bei ihnen sichtbare Hautlappen kann sich ebenfalls bei Erregung und beim Rufen deutlich vergrößern.

Die Irisfarbe in den Augen der meisten Kranicharten variiert von hellgelb über orange bis zu einem Dunkelrot. Bei den afrikanischen Kronenkranichen kann sie auch hellblau sein. Auch innerhalb einer Art kann die Iris variieren, wie beim Graukranich, wo sie gelb oder rot gefärbt ist. Die Gründe dafür sind unbekannt, manchmal vom Alter abhängig, aber nicht immer, wenngleich die Iris der Jungvögel dunkler ist als die der Altvögel.

Federn

Die mit Sicherheit auffälligsten Federn der meisten Kraniche sind die langen »Schleppen« am Hinterende des Körpers. Irrtümlich wird oft angenommen, es handele sich um Schwanzfedern. Das allerdings stimmt nicht: Diese langen Federn sind zu Schmuckfedern umgewandelte Schirmfedern, die sich zwischen den Armschwingen und der Körperbefiederung befinden (zur Lage der Schmuckfedern: siehe Abbildung beim Körperbau des Kranichs auf Seite 11). Mit ihrer oft besonderen Länge und Struktur, ihrer Eleganz und Feinheit setzen die Vögel sie ein, um während der Balz zu imponieren oder einen besonderen Erregungszustand auszudrücken. Dafür werden sie aufgestellt oder zur Schau gestellt. Ausgesprochen lange Schmuckfedern finden sich beim Klunkerkranich und vor allem beim Paradieskranich. Besonders elegant strukturiert sind sie beim Graukranich, rein weiß sind beispielsweise die der Schreikraniche und rötlich braun die der Kronenkraniche.

Die größten Federn der Kraniche sind im Allgemeinen die Handschwingen, die großen Federn, die sich am äußeren Ende des Flügels befinden. Sie sind bei fast allen Arten schwarz, weil das schwarze Pigment Melanin der Feder Stabilität verleiht. Da Handschwingen während des Kranichzuges besonders beansprucht werden, ist diese erhöhte Stabilität sinnvoll. Nur der Mandschurenkranich besitzt weiße Handschwingen. Man vermutet, dass er ursprünglich gar keine oder nur kurze Zugwege hatte. Zehn Handschwingen und 18 bis 25 Armschwingen pro Flügel inklusive der genannten Schmuckfedern sind die auffälligsten Federn am Flügel der Kraniche. Zum sogenannten »Großgefieder« gehören neben den Armschwingen, den Handschwingen sowie Schmuckfedern auch die insgesamt zwölf Steuerfedern.

Der restliche Flügel, der Halsbereich, Bauch und Rücken sind auf der Oberseite und der Unterseite vor allem von unterschiedlich großen Deckfedern besetzt. Kronenkraniche zeigen besonders schöne Deckfedern, die vor allem auf dem Bauch, dem Hals und dem Rücken in unterschiedlicher Abstufung langgezogen und lanzettförmig geformt sind. Zusätzlich besitzen beide Kronenkranicharten auffallend strahlenförmige und gelbe, große Flügeldecken, die ebenfalls die Funktion von Schmuckfedern haben. Die in mehreren Lagen übereinander liegenden Deckfedern bezeichnet man als »Kleingefieder«. Unterhalb des Deckgefieders liegen die vor allem der Wärmehaltung dienenden Daunen oder Dunen, deren Größe von wenigen Millimetern beim Kleingefieder bis zu mehreren Zentimetern beim Großgefieder variiert. Sie sind sehr flauschig, sodass mehr Lufträume für die Wärmespeicherung entstehen.

Als große Besonderheit besitzen Grauer und Schwarzer Kronenkranich zusätzlich feine, gelbbraun gestreifte, steife Federborsten, kleine Kronen, die am Hinterkopf entspringen – daher ihr Name. Noch außergewöhnlicher und einzigartig unter den Kranichen ist, dass sich verpaarte Kronenkraniche gegenseitig ihren Kopfschmuck säubern!

Kanadakraniche und Graukraniche färben während der Brutzeit ihr Rückengefieder mit Erde ein, sodass die ursprünglich grauen Federn nun bräunlich, ockerfarben oder auch rötlich wirken können. Man vermutet, dass diese Verhaltensweise dazu dient, um während des Brutgeschäftes besser getarnt zu sein.

Durch Witterungseinflüsse und mechanische Beanspruchung des Gefieders werden die Federn abgenutzt und verlieren dadurch ihre wärme- und feuchtigkeitsregulierende Wirkung sowie die Funktionstüchtigkeit beim Fliegen und bei den Aktivitäten am Boden. Diese Abnutzung wird sichtbar durch Ausbleichen und Ausfransen der Federn.

Um die genannten Funktionen aufrechterhalten zu können, findet in regelmäßigen Abständen eine Mauser, ein Auswechseln der Federn, statt. Der Rhythmus ist weitestgehend arteigen: Während Graukraniche ihr Großgefieder alle zwei bis drei Jahre gegen Ende der Brutzeit innerhalb eines Monats fast simultan wechseln und dann sehr heimlich sind und flugunfähig sein können, wechseln beispielsweise die beiden Kronenkranicharten, Brolga und Jungfernkranich ihr Gefieder langsamer. Dadurch verkürzt sich bei ihnen die Zeit der Flugunfähigkeit – wenn sie überhaupt vorhanden ist – sehr.

Bild rechts: Federn, Bilderklärung siehe Seite 172

Nahrung

Kraniche sind wenig wählerisch, was ihre Nahrung anbelangt. Sie ernähren sich sowohl von pflanzlichem als auch tierischem Material (omnivore Ernährung). Auf trockenem Boden nehmen sie vor allem Samen, Getreidekörner, Eicheln und andere kleine bis mittelgroße Baumfrüchte, Beeren, Nüsse, Insekten sowie gelegentlich Kleinsäuger wie Mäuse oder Maulwürfe auf. In feuchteren Arealen graben sie zusätzlich nach unterirdischen Sprossen, nach Keimlingen und nach Mollusken (Weichtieren). Weiterhin zählen dort auch Amphibien zu ihren Beutetieren. In tieferem Wasser werden Bestandteile von Wasserpflanzen aufgenommen, vorzugsweise die energiereichen Knollen (beispielsweise von Lotusblumen). Auch kleinere Fische, Krabben und Schnecken zählen zu ihrem Nahrungsspektrum. Einige Kranicharten sind hinsichtlich ihrer Nahrung recht wenig spezialisiert (europäischer Graukranich, Kanadakranich), andere dagegen etwas stärker. Die kurzschnäbligen Kronenkraniche und Jungfernkraniche kommen auf trockenen Böden am besten zurecht, die langschnäbligen Schneekraniche und Schreikraniche dagegen eher in aquatischen Lebensräumen.

Die Art der Ernährung wird bestimmt vom Körperbau, von der Lebensphase der Kraniche, dem Aufenthaltsort und von möglichen Konkurrenzsituationen:

So ernährt sich der europäische Graukranich während der Brutzeit in seinem vornehmlich durch einen hohen Wasserstand gekennzeichneten Lebensraum von Pflanzenteilen, Mollusken, Amphibien, Sprossen und Wurzeln, während er auf dem Zug vornehmlich Maiskörner und andere Getreidekörner, sogar Kartoffeln, zu sich nimmt. In den Überwinterungsgebieten in Spanien machen die Eicheln der Korkeichen und Steineichen einen erheblichen Anteil aus.

In Arealen, in denen mehrere Kranicharten während des Zuges oder im Überwinterungsquartier gemeinsam vorkommen, können oder müssen sie

Bild rechts: Nahrung der Kraniche, Ausschnitt aus der Vielfalt, von links nach rechts:
oben: Eicheln, Maiskolben, Reis, Frucht der Wassernuss, Lotusblume
Mitte: Heuschrecke, Moosbeeren, Schlammschnecke, Wurzelstock der Lotusblume
unten: Broadley's Flache Eidechse, Marmorierter Riedfrosch, Dreistecheliger Stichling, Viergestreifte Maus

sich hinsichtlich ihrer Nahrungssuche weitestgehend aus dem Weg gehen, sofern die Nahrung nicht im Überfluss vorhanden ist. Die langschnäbligen Arten bevorzugen dabei die feuchteren Teillebensräume, die kurzschnäbligen Arten die trockeneren Areale. Eine genauere Beschreibung hierzu liefert das Kapitel »Kopfportraits« ab Seite 23.

An Orten, an denen dagegen Arten mit ähnlichen Körpermerkmalen (Schnabellänge, Körpergröße) nebeneinander überwintern, zum Beispiel Graukranich und Schwarzhalskranich in der Region Yunnan in China, vermeiden beide Arten Konkurrenzsituationen um die Nahrung auch, indem die größeren und daher dominanteren Schwarzhalskraniche ihre Nahrung tagsüber in der Nähe ihrer Schlafplätze aufnehmen. Sie haben also kürzere Flugwege und sparen so Energie. Die etwas unterlegenen Graukraniche legen zwischen Schlaf- und Nahrungsplätzen durchschnittlich weitere Wege zurück.

Während der Zugzeiten sind Kraniche sehr viel länger mit der Nahrungssuche beschäftigt als während der Brutzeit. Dies ist nötig, um weite Zugwege zu bewältigen. Zusätzlich müssen Energiereserven aufgebaut werden. Damit landwirtschaftliche Flächen nicht zu sehr in Mitleidenschaft gezogen werden, gibt es mancherorts sogenannte »Ablenkfütterungen«, also Flächen, die im Herbst extra mit Kranichnahrung »bestückt« werden – vor allem Mais –, um die Kraniche von Flächen fernzuhalten, auf denen die Feldfrüchte des Folgejahres wachsen sollen.

Anders als Reiher warten Kraniche nicht durch eine unbewegliche Körperhaltung darauf, dass sich ihre Nahrung durch Bewegungen verrät. Vielmehr sind sie aktiv damit beschäftigt, mit ihrem Schnabel und den Füßen in der Erde zu tasten und zu graben, um so an die Nahrungsquelle zu gelangen.

Getrunken wird, indem der Schnabel flach ins Wasser eingetaucht wird und das Wasser durch Zurückwerfen des Kopfes in den Schlund läuft.

Die Jungvögel werden in den ersten Tagen eng geführt und noch gefüttert, gleichzeitig wird ihnen die Nahrung mit den Schnäbeln gezeigt. So lernen die Jungvögel ihre Nahrungsquellen kennen.

Harte Nahrung wie Eicheln oder Nüsse werden in den Muskelmägen der Kraniche zerkleinert: In diesen Mägen befinden sich kleine Steinchen (zwei bis neun Millimeter groß), die Kraniche – wie viele andere Vogelarten auch – vom Boden aufnehmen. Durch Kontraktionen des Muskelmagens reiben diese Steinchen die harten Nahrungsbestandteile klein, die dadurch als Energie verfügbar werden.

Das Brüten

Die Paarbindung der ziehenden Arten findet während des Aufenthaltes in den Überwinterungsgebieten statt, normalerweise in einem Alter von etwa vier Jahren. Danach können die Paare ein Leben lang zusammen bleiben, was davon abhängig sein kann, wie erfolgreich das Brüten ist. Erfolgreich brütende Paare bleiben tendenziell länger zusammen. Kraniche werden im Durchschnitt etwa 15 Jahre alt.

Nach der gemeinsamen Rückkehr in die Brutgebiete wird ein geeigneter Lebensraum aufgesucht. Die Rückkehr bei den weit ziehenden Arten liegt im Frühjahr, bei den nicht oder nur wenig ziehenden Arten dagegen hängt der Brutbeginn vom Vorhandensein geeigneter Brutgebiete ab, die durch die Regenfälle geschaffen werden, und kann somit jahreszeitenunabhängig sein. In dieser Phase können Kraniche noch sehr auffällig sein, vor allem in den Morgen- und Abendstunden ausgiebig rufen und ihre Tänze aufführen. Sobald der Brutplatz gefunden ist, wird die Nestplattform auf dem Boden und zumeist von Wasser umgeben (außer bei Jungfernkranichen und Paradieskranichen) gebaut und es wird mit der Brut begonnen. In dieser Zeit werden Kraniche sehr heimlich, man bemerkt die Anwesenheit der großen Vögel zum Teil überhaupt nicht. Die Brutdauer der zumeist aus zwei Eiern bestehenden Gelege beträgt etwa 30 Tage. Sowohl männliche als auch weibliche Kraniche bebrüten das Gelege, und die Häufigkeit der Brutwechsel bei den unterschiedlichen Paaren beträgt zwischen vier- und fünfzehnmal innerhalb von 24 Stunden. Zwischendurch werden immer wieder Brutpausen eingelegt, Zeiten, in denen das Gelege nicht bebrütet wird. Diese können mitunter Stunden dauern und sind für den Bruterfolg nicht schädlich, sofern nicht eine permanente Störung vorliegt. Sollte zu Beginn der Brutperiode ein Gelege verloren gehen, so sind Kraniche in der Lage, noch einmal neu zu legen.

Die beiden Jungvögel schlüpfen im Abstand von ein bis zwei Tagen. Kraniche sind eine der wenigen

Bild links: Küken der 15 Kranicharten der Welt, etwa drei Tage alt, von links nach rechts:
oben: Schwarzhalskranich, Grauer Kronenkranich, Schreikranich, Schneekranich, Saruskranich
Mitte: Graukranich, Mandschurenkranich, Klunkerkranich, Mönchskranich, Paradieskranich
unten: Jungfernkranich, Kanadakranich, Weißnackenkranich, Brolga, Schwarzer Kronenkranich

Vogelarten, die ihren Jungen aktiv helfen, aus dem Ei zu schlüpfen. Die Küken können sofort schwimmen (wie es auch Altvögel können!), erkunden aber zunächst die unmittelbare Nestumgebung und lassen sich von ihren Eltern noch wärmen und füttern, wobei sie parallel dazu die eigene Nahrungsaufnahme erlernen. Die Anzahl der erfolgreich aufgezogenen Jungvögel rangiert zwischen keinem und drei, was selbstverständlich von der Anzahl der gelegten Eier abhängt, aber auch von Prädation, Nahrungsverfügbarkeit, Witterungsbedingungen und Zustand der Elterntiere. Mit zunehmendem Alter entfernen sich die Küken, geführt von ihren Eltern, immer weiter vom Nest und oft übernimmt ein Elternteil je ein Jungtier. Abends findet sich die Familie an sogenannten Schlafnestern wieder, die nicht zwangsläufig mit dem Brutnest identisch sein müssen. Nach knapp drei Monaten sind die Kraniche flugfähig, der Aktionsradius der Familie um das Nest herum wird immer größer, und ab dem Frühherbst bilden sich Familienverbände, die sich später im Jahr zu den bekannten großen Schwärmen zusammenfinden.

Männliche und weibliche Kraniche lassen sich äußerlich nicht unterscheiden. Lediglich die Jungvögel kann man bis in das Alter von zwei Kalenderjahren (sie sind dann etwa eineinhalb Jahre alt) von den Altvögeln anhand des Gefieders unterscheiden. Ab einem Alter von drei Jahren werden Kraniche geschlechtsreif und können brüten.

Die ein- bis zweijährigen Kraniche, die aufgrund der fehlenden Geschlechtsreife noch nicht brüten, streifen nach ihren ersten Winteraufenthalten durch die zukünftige Brutheimat. Oft sieht man daher kleine Kranichverbände, bestehend aus diesen »Jugendlichen« und erfolglos brütenden oder unverpaarten Altvögeln, auch zwischen Frühjahr und Herbst umherwandern.

Bild rechts: Weißnackenkraniche am Nest

Lebensräume

In den Brutgebieten

Die Brutlebensräume, die die verschiedenen Kranicharten besiedeln, sind extrem vielseitig. Sie reichen von der arktischen Tundra über einsame, boreale, nordische Waldmoore bis hin zur afrikanischen Trockensteppe, der mongolischen Federgrassteppe oder nassen Senken in landwirtschaftlichen Flächen. Wichtig ist immer, dass eine ungestörte, sichere Jungenaufzucht möglich und ausreichende Nahrungsverfügbarkeit ohne viele Störungen gegeben ist. Welchen Lebensraum eine Kranichart besiedelt, hängt dabei unter anderem von ihrem Körperbau ab, von Konkurrenzsituationen zu ähnlichen Arten – und von einer Vielzahl weiterer Faktoren in der jeweiligen Entwicklungsgeschichte der Art. Je ungestörter und nahrungsreicher allgemein der Lebensraum ist, desto kleiner ist das Revier.

Manche Kranicharten wie der Schreikranich, der Schneekranich, der Schwarzhalskranich oder der Mandschurenkranich sind in der Wahl ihrer Brutgebiete wählerisch und wenig flexibel. Sie benötigen die einsamen und menschenleeren Regionen großer Feuchtgebiete, um zu brüten. Der Schwarzhalskranich ist dabei zusätzlich auf Hochlandseen der zentralasiatischen Gebirge angewiesen. Die Brutvorkommen dieser anspruchsvollen Arten sind weltweit sehr punktuell. So brüten Schreikraniche nur noch in einem Nationalpark zwischen den kanadischen Provinzen Alberta und den Nordwest-Territorien. Inzwischen sind sie mit kleinen

Bild rechts: oben: Schwarzhalskraniche im asiatischen Hochgebirge, Schneekraniche in der asiatischen Tundra
Mitte: Klunkerkraniche im afrikanischen Flussdelta, Graukraniche im europäischen Hochmoor, Jungfernkraniche in der asiatischen Steppe
unten: Brolgas in der australischen Halbwüste, Graue Kronenkraniche in der afrikanischen Savanne

Beständen an anderen Orten in Nordamerika wieder angesiedelt worden. Schneekraniche brüten nur noch in einem weitläufigen Areal in Nordostsibirien und Mandschurenkraniche in kleinen Beständen in ursprünglichen Feuchtgebieten im Norden Ostasiens. Aufgrund ihrer hohen Ansprüche zählen diese Kranicharten zu jenen mit der höchsten Gefährdungsstufe.

Der Graukranich hingegen zieht seine Jungen in einer Vielzahl verschiedener Landschaften und Lebensräume auf: Brutvorkommen gibt es in der baumlosen, hochnordischen Tundra, in den überschwemmten Nadelwäldern der Taiga, in den Bruchwäldern der gemäßigten Zone, in Hochmooren, an Ufern von Seen und selbst in kleinen, durch die Eiszeit entstandenen und mit Wasser gefüllten Senken – und all das in weiten Gebieten Nord- und Mitteleuropas sowie im nördlichen Asien. Ihre Anpassungsfähigkeit an Lebensräume in Verbindung mit idealen Nahrungsbedingungen durch die intensive Landwirtschaft führt dazu, dass Graukraniche zu den weltweit häufigsten Kranicharten gehören.

Der nordamerikanische Kanadakranich brütet über einen Großteil des nordamerikanischen Kontinents verteilt mit mehreren Unterarten in einer Vielzahl unterschiedlicher Landschaftstypen. Einige dieser Unterarten sind mittlerweile äußerst selten, andere wiederum nicht bedroht – sie zählen zu den häufigsten Kranicharten weltweit.

Die indischen Saruskraniche bevorzugen ebenfalls die ungestörten Feuchtgebiete. Sind diese allerdings nicht vorhanden, so lassen sie sich zum Brüten auch in Menschennähe nieder, sofern sie in Ruhe gelassen werden. Extreme Niststandorte sind beispielsweise Gräben zwischen Reisfeldern oder Kanäle neben Straßen. Für die allermeisten Kranicharten ist es wichtig, dass der unmittelbare Neststandort von Wasser umgeben ist. Das schützt das oft wenig versteckte Gelege weitestgehend vor Prädation vom Boden durch Raubsäuger.

Der afrikanische Paradieskranich allerdings ist während der Brutzeit nicht so stark auf Feuchtgebiete angewiesen wie viele andere Kranicharten. Er bevorzugt vor allem ungestörte, flach mit natürlicher

Vegetation bewachsene Hügel im südlichen und östlichen Afrika. Auch der asiatische Jungfernkranich brütet auf dem Boden in ungestörten Federgrassteppen, oft in beträchtlicher Entfernung zu Wasserflächen.

Auf dem Zug

Nicht jede Kranichart zieht. Vor allem die Arten, deren Brutgebiete auf der südlichen Erdhalbkugel liegen, haben zumeist ein ganzjähriges Nahrungsangebot in der weiteren Umgebung ihrer Brutorte, sodass maximal bis etwa 1000 Kilometer weite Wanderungen stattfinden, um Regionen zu erreichen, in denen das Nahrungsangebot ausreicht. Häufig dienen diese Wanderungsbewegungen dazu, der Trockenzeit auszuweichen, in der die Nahrungsverfügbarkeit extrem eingeschränkt ist. Zu diesen Arten zählen beispielsweise südafrikanische Paradieskraniche, deren im Hochland brütende Populationen in den kalten Monaten in tiefere Lagen ziehen. Auch die beiden Kronenkranicharten und die Klunkerkraniche aus Afrika, Saruskraniche aus Indien und Brolgas aus Australien ziehen nicht. Diese nicht ziehenden Kranicharten brauchen außerhalb der Brutzeit strukturreiche Offenlandschaften, vorzugsweise mit eingestreuten Feuchtgebieten, für ein reichhaltiges Nahrungsangebot mit Samen, Insekten (vor allem Heuschrecken) und kleinen Wirbeltieren. In den dicht besiedelten und oft überweideten Landschaften umfassen solche Wanderungen immer größere Radien. Auch die drei Unterarten des Kanadakranichs, der Kuba-Kranich, der Mississippi-Kranich und der Florida-Kranich, verlassen ihre Brutgebiete nicht.

Die vielen regelmäßig ziehenden Kraniche benötigen Lebensräume, die je nach Art mal mehr, mal weniger speziell strukturiert sein sollten. Der Schneekranich beispielsweise hat ein relativ enges Lebensraumschema während der Zugzeiten: Er benötigt ungestörte Feuchtgebiete mit einem reichen Angebot an aquatisch lebenden Tieren und Pflanzen für die

Nahrungsaufnahme, wenngleich diese nur in kleinen Gruppen ziehende Art auch in durch Menschen gestalteten Lebensräumen wie Reisfeldern rastet. Kanadakraniche, Graukraniche oder auch Jungfernkraniche dagegen finden während der energiezehrenden Zeit der Wanderungen ausreichend Nahrung auf landwirtschaftlichen Flächen oder in Feuchtgebieten. Für sie werden zum Teil extra Fütterungsflächen angelegt mit dem Ziel, sie von jenen Bereichen abzulenken, in denen sie eher ungebetene Gäste sind. Landwirtschaftliche Flächen sind auch für viele andere Arten von hoher Bedeutung, und sie stellen vor allem im dicht besiedelten asiatischen Raum die wichtigste Grundlage dar, um ausreichend Nahrung aufzunehmen. Das gilt insbesondere für Weißnackenkraniche, Mönchskraniche oder – in geringerem Maße – Mandschurenkraniche.

Die ganz ursprünglichen, naturnahen und nahrungsreichen Offenflächen, die sich beispielsweise in den Bereichen großer Seen oder Flusssysteme befanden, in unbeweideten Halbwüsten oder endlosen Grassteppen, existieren fast nicht mehr. Sie werden durch die Landwirtschaft ersetzt, für einige Kranicharten zum Vorteil, für anspruchsvollere dagegen zum Nachteil.

Ganz entscheidend sind für die ziehenden Kranicharten neben produktiven Nahrungsflächen sichere Schlaf- und Rastgewässer, in denen sie in der Nacht vor Fressfeinden weitestgehend geschützt sind. Die Boddenlandschaft an der Ostseeküste stellt einen solchen bekannten Lebensraum für europäische Graukraniche dar, der Platte River im Einzugsgebiet des Mississippi für Kanadakraniche, der Poyang-See in China für Schneekraniche und Weißnackenkraniche. Insbesondere die Anzahl und Fläche dieser Schlafgewässer, aber auch der Nahrungsgewässer, nehmen in vielen Bereichen der Welt rapide ab, weil vor allem in Asien das Wasser für die Bewirtschaftung landwirtschaftlicher Flächen genutzt wird. Lediglich die Kronenkraniche benötigen für das Schlafen keine Gewässer: Sie wählen Bäume als sicheres Domizil für die Nacht.

Bild rechts: oben: ziehende Graukraniche über der Ostsee
Mitte: rastende Kanadakraniche auf einem Maisfeld
unten: Schneekraniche in asiatischem Sumpfland, Schreikraniche in nordamerikanischer Küstenlagune

In den Überwinterungsgebieten

Vor allem während des Zuges und in den Überwinterungsgebieten wird deutlich, dass Kraniche und Menschen um den gleichen Lebensraum konkurrieren, nämlich, ganz allgemein gesprochen, die Offenlandschaften. Zählten ursprünglich beispielsweise Überschwemmungszonen großer Flüsse und Seen zu den Winterlebensräumen der Kraniche oder aber nahrungsreiche Steppen, so sind diese Areale zunehmend vor allem von der Landwirtschaft in Beschlag genommen. Einige Arten scheinen davon zu profitieren, andere dagegen leiden darunter und manche Arten scheinen fatalerweise davon abhängig zu werden.

So sind die Ansprüche der einzelnen Arten an ihren Winterlebensraum sehr unterschiedlich. Entscheidend ist bei der Wahl vor allem die Nahrungsverfügbarkeit in Abhängigkeit von den artspezifischen Bedürfnissen. In dieser Hinsicht scheinen tendenziell eher wenig spezialisierte Arten wie der europäische Graukranich oder der nordamerikanische Kanadakranich von Landwirtschaft zu profitieren, aber auch vom Vorhandensein bestimmter Feuchtgebiete und ursprünglicher Winterlebensräume.

Bei Graukranichen sind dies beispielsweise die parkähnlichen Stein- und Korkeichenhaine Süd- und Zentralspaniens. Für Weißnackenkraniche sind ursprüngliche Überwinterungsgebiete die Deltaregionen weniger chinesischer Flüsse und der Poyang-See, für Schwarzhalskraniche die Überschwemmungszonen des Flusses Yarlung Tsangpo in Tibet, für Mönchskraniche der Caohai-See in China. Aufgrund der intensiven landwirtschaftlichen Nutzung und damit einhergehend der Verkleinerung dieser Lebensräume werden solche Vögel immer abhängiger von der Teilhabe an den Überbleibseln der Ernte in der Umgebung dieser traditionellen Rastgebiete.

Die Nahrungsbedürfnisse anspruchsvollerer Vertreter dieser Gruppe wie der asiatischen Schneekraniche oder der nordamerikanischen Schreikraniche sind schwerer zu erfüllen, weil sie vor allem ungestörte aquatische Lebensräume nutzen und nur in geringem Maße landwirtschaftliche Flächen. Ein Hauptüberwinterungsgebiet der Schneekraniche befindet sich am Poyang-See in China, dessen Wasserstand immer stärker sinkt. Schneekraniche reagieren durch die damit verbundene Abnahme ihrer Hauptnahrungspflanze im Flachwasser des Sees, der Schraubenalge, mit dem Ausweichen auf die angrenzenden Feuchtwiesen, wo sie sich von einer anderen Pflanze ernähren. Was aussieht, wie die Fähigkeit einer Vogelart, sich schnell erfolgreich anzupassen, erweist sich als sehr zweifelhaft: Im »neuen« Winternahrungslebensraum wird sehr viel mehr Zeit für das wachsame Beobachten der Umgebung aufgewendet und weniger gefressen. Dadurch starten die Schneekraniche weniger gut genährt in die Brutlebensräume.

Und so tanzen nahezu alle Kranicharten einen Tanz auf dem Drahtseil, das zwischen den ursprünglichen und menschengemachten Lebensräumen gespannt ist – ein Akt, der für einige Kranicharten schwerer, für andere leichter ist, und an beiden Drahtseilenden bestimmt der Mensch die Spannung des Seils.

In zunehmendem Maße bewirkt menschliches Handeln eine Lenkung der winterlichen Kranichvorkommen:

- In Japan am Ort Izumi werden extra Reisfelder für überwinternde Mönchskraniche und Weißnackenkraniche, weniger für Kanadakraniche, Graukraniche und Schneekraniche zur Verfügung gestellt und die Kraniche zusätzlich intensiv mit Weizen und sogar Sardinen gefüttert. Es ist das Überwinterungsgebiet für Kraniche in Japan und dadurch eine Touristenattraktion geworden.
- Im indischen Ort Kheechan in der Provinz Rajasthan überwintern mittlerweile Tausende von Jungfernkranichen, weil in den Siebzigerjahren ein Landwirt damit anfing, kleinere natürlich dort rastende Schwärme von Jungfernkranichen zu füttern, und die meisten Dorfbewohner sich dieser Initialzündung anschlossen.
- Auf der japanischen Insel Hokkaido werden Mandschurenkraniche an verschiedenen Stellen gefüttert, und so ist zum Beispiel der Ort Tsurui mittlerweile ein Wallfahrtsort geworden, um diese Kranichart dort zu beobachten.
- In Texas bei Port Aransas wurden direkt am Golf von Mexiko gelegene und von den Gezeiten beeinflusste Flächen aufgekauft, um die dort natürlich vorkommenden Bestände überwinternder Schreikraniche zu sichern.

Für die nicht wirklich ziehenden afrikanischen, asiatischen oder australischen Arten gilt prinzipiell das Gleiche: Wo finden sich außerhalb der Brutzeit genug Nahrung und ungestörte Schlafmöglichkeiten? Bereiche in Afrika, in denen diese Ansprüche erfüllt werden, nehmen rapide ab, da Feuchtgebiete austrocknen oder artenreiche Trockenlandschaften der Überweidung zum Opfer fallen, und in der dadurch entstehenden Konkurrenzsituation verlieren Kraniche schnell das Ansehen als »Vögel des Glücks«, das sie einmal hatten.

Bild links: oben: Mandschurenkraniche in japanischer Schneelandschaft
sowie Weißnackenkraniche und Mönchskraniche auf japanischen Fütterungsflächen
unten: Jungfernkraniche an indischem Steppensee

Gefährdung und Schutz

Die Lebensraumansprüche der Kraniche decken sich oft mit für die Landwirtschaft geeigneten Flächen – und dieser Sachverhalt macht viele anspruchsvolle Kranicharten sehr anfällig für Bestandsabnahmen. Die wenig anspruchsvollen Arten dagegen scheinen von dieser Situation zu profitieren: Während europäische Graukraniche und bestimmte Populationen der nordamerikanischen Kanadakraniche ihre Bestandszahlen vermutlich aufgrund der guten Nahrungssituation auf Feldern im Herbst und Winter halten oder erhöhen, nehmen die Bestände der allermeisten Kranicharten unter anderem wegen der Lebensraumzerstörung ab oder die Tiere können nur mit sehr umfangreichen Aktivitäten von Seiten der Kranichschützer überleben. Weißnackenkraniche, Schwarzhalskraniche, Mönchskraniche, vor allem aber Schreikraniche, Schneekraniche und Mandschurenkraniche benötigen in unterschiedlichem Maße ungestörte Flachwassergebiete für die Nahrungssuche und zum Schlafen. Wenn am ostchinesischen Poyang-See oder am nordchinesischen Chankasee die Wasserstände aufgrund des Wasserdurstes für die umliegenden Flächen sinken oder sich die Wasserqualität verschlechtert, verändern sich Lebensräume. Wenn in den Deltaregionen chinesischer Flüsse Industrieanlagen wachsen und Millionenmetropolen entstehen, verkleinert sich der Lebensraum. Wenn an der texanischen Küste Ölraffinerien und Ackerflächen entstehen, wird es eng für überwinternde Schreikraniche. Wenn afrikanische Feuchtgebiete entwässert und jeder Quadratzentimeter nutzbarer Boden als Ackerfläche oder zur Beweidung genutzt werden, verschwindet auch dort der Lebensraum der Kronenkraniche und Klunkerkraniche.

Aber es ist nicht nur die Lebensraumzerstörung, die Kraniche gefährdet: Die Schönheit der afrikanischen Kronenkraniche oder Paradieskraniche, auch das besondere Aussehen der Klunkerkraniche, wird ihnen zum Verhängnis, weil sie allzu oft in Tierparks oder sogar Privatgärten landen. Sie werden vergiftet, weil sie die Saaten der Bauern fressen, ihre Federn und die Eier sind begehrt, weil ihnen heilende Kräfte zugesprochen werden. Und im Zusammenspiel all dieser Faktoren ist beispielsweise der Bestand des Grauen Kronenkranichs von etwa 100 000 Individuen Mitte der Achtzigerjahre kontinuierlich auf einen Bestand von etwa 30 000 im Jahr 2020 gesunken.

Bei Schneekranichen sieht es nicht besser aus, und auch hier ist neben der Lebensraumzerstörung vor allem in den Durchzugs- und Überwinterungsgebieten die Jagd extrem bestandsgefährdend: Die Population von 80 Individuen, die in Westindien in den Sechzigerjahren noch überwinterte, gibt es nicht mehr. Von den drei Vögeln der westlichen

Balzende Weißnackenkraniche

Population, die gegen Ende 2010 noch im Iran überwinterten, wurden zwei Vögel abgeschossen. Die letzten nennenswerten Bestände überwintern in China, wo Staudammprojekte den natürlichen Wasserhaushalt der Flüsse beeinflussen und dadurch geeignete Lebensräume vernichten.

An Hochspannungsmasten oder Windkraftanlagen verunglücken zusätzlich jedes Jahr Hunderte von Kranichen.

Auch Gewässerverschmutzung kann für bestimmte Arten ein ernstzunehmendes Problem sein: Die vor allem von bestimmten Wasserpflanzen abhängigen Schneekraniche sind gezwungen, sich andere Nahrungsquellen zu erschließen, wenn ihre ursprüngliche Hauptnahrung verschwindet. Ob die Ersatznahrung zu einer gleich guten körperlichen Kondition führt, bleibt eine noch zu klärende Frage.

Klimaveränderungen kommen als möglicher Gefährdungsgrund zusätzlich ins Spiel: So wird die Möglichkeit diskutiert, dass aufgrund fehlender Niederschläge das Brackwasser bei Port Aransas in Texas zu stark versalzt und sich damit die Zusammensetzung der dort lebenden aquatischen Fauna verändert. Das wiederum geht möglicherweise mit einer Veränderung der Hauptnahrungsquelle der dort überwinternden Schreikraniche, bestimmter Krabben, einher. Am selben Ort befürchtet man bei einem Ansteigen des Meeresspiegels durch das Abschmelzen des Eises an den Polkappen, dass der Lebensraum – die küstennahen Lagunenbereiche – überflutet wird und die Kraniche ihn dadurch nicht mehr nutzen können.

Von dem seltensten Kranich der Erde, dem Schreikranich, lebten aufgrund der vorgenannten Gründe 1941 nur noch 16 bekannte Exemplare in der Wildnis. Durch gezielte Schutzmaßnahmen wurde der Bestand auf wenige hundert Vögel gesteigert. Da die Vorkommen allerdings sehr lokal sind, können kleinräumige Ereignisse die Bestände zusätzlich in Bedrängnis bringen: Beim Schreikranich kann dies beispielsweise, so eigenartig es klingen mag, ein einzelner Tornado sein.

Mittlerweile gibt es eine Vielzahl an Maßnahmen, um die Bestände der Kraniche zu stabilisieren: Punktuell werden neue Lebensräume geschaffen, bestehende werden hinsichtlich des Wasserhaushalts und der Ungestörtheit gemanagt, Flächen aufgekauft, diskussionswürdige Fütterungen durchgeführt und Bildungsmaßnahmen etabliert. Zugleich gibt es Zuchtprogramme in Tiergärten oder Privatzoos, die allerdings nur selten in eine Schutzmaßnahme durch Auswildern münden. Gleichzeitig gibt es, vor allem beim nordamerikanischen Schreikranich, Ansiedlungsprojekte an geeignet erscheinenden Orten.

Effektiven Schutzmaßnahmen müssen wissenschaftliche Untersuchungen vorausgehen, um Fragen zu klären, unter anderem: Wo kommen die Arten überhaupt noch vor? Welche Lebensraumansprüche haben sie während der Brut, des Zuges, in den Überwinterungsgebieten? Welche Nahrung ist wichtig? Welchen Jahresrhythmus haben die Vögel? Wie kommen sie mit Konkurrenzsituationen zu anderen Arten klar? Wann ist die Störanfälligkeit besonders hoch ...

Um all dies herauszufinden, bedient man sich verschiedener Maßnahmen: Potentielle Brutgebiete der seltenen Kraniche in den entlegensten arktischen Gebieten werden mit Hubschraubern überflogen, um Brutvorkommen zu finden. Einige Eier der seltensten Kraniche werden gesammelt und künstlich ausgebrütet, um die Gefahren dieses Prozesses in der Natur zu minimieren – die Jungtiere werden hinterher ausgewildert. Mit Ultraleichtflugzeugen werden ziehende Kraniche begleitet, um sie in neue, sichere Überwinterungsgebiete zu leiten. Kraniche werden individuell beringt, das heißt, sie bekommen individuell kombinierte Farbringe an die Beine, um nach regelmäßigem Ablesen dieser Kombinationen ihren Aktionsradius zu kennen und damit Rückschlüsse ziehen zu können auf die Bedeutung der Landschaft für das Individuum. Kraniche werden neuerdings mit Minisendern versehen, um ihre Zugwege analysieren zu können und um neue oder wichtige Zwischenrastplätze, aber auch Gefahren, zu dokumentieren. Gleichzeitig gibt es Aufklärungskampagnen, Veranstaltungen, Führungen, die Errichtung von mehr oder weniger spektakulären Beobachtungsplätzen, Besucherlenkungen an Orten mit auffälligen Kranichvorkommen, um Verständnis für die Arten zu wecken und um deren Schönheit und Bedeutung vor Augen zu führen. So gibt es einen ausgeprägten Kranichtourismus an bestimmte Orte, zum Beispiel die Boddenlandschaft an der deutschen Ostseeküste zu den europäischen Graukranichen, nach Izumi zu überwinternden Kranichen in Japan, nach Hokkaido zu den Mandschurenkranichen, nach Port Aransas in Texas zu den dort überwinternden nordamerikanischen Schreikranichen.

Mythologie

»Wenn die Kraniche ziehen«, ein sowjetischer Spielfilm aus dem Jahre 1957 von Michail Kalatosow, ist ein neuzeitliches Beispiel von unzähligen Beispielen dafür, wie der Kranich seit Tausenden von Jahren bis heute Eingang findet in die Kunst, Literatur, Religion und Mythologie. Märchen, Sagen und Überlieferungen gibt es in so unüberschaubarer Fülle, dass ich hier nur einen winzigen Ausschnitt beschreiben kann.

Die ersten Erwähnungen und Abbildungen der Kraniche finden sich vor allem in den alten Hochkulturen in Asien, Griechenland oder Ägypten. Umfangreiche Funde von Abbildungen auf Gefäßen, auf Wänden, als Stickereien oder als Skulpturen aus der Zeit ab etwa 2500 vor Christus zeigen, welche Bedeutung diese Vögel gehabt haben müssen, und diese Darstellungen sind zum Teil so genau, dass sich einzelne Kranicharten darauf erkennen lassen und man dadurch sogar auf damalige Vorkommen bestimmter Arten Rückschlüsse ziehen kann.

Viele der zu dieser Zeit eher übersinnlichen Sichtweisen gründeten auf Verhaltensbeobachtungen und dem Aussehen der Vögel: dem geordneten, »himmelsnahen« Formationsflug, dem Auftreten zu bestimmten Jahreszeiten, den Tänzen, den erhabenen Posen, dem oft paarweisen Auftreten, der Größe, der Klarheit und Schönheit des Gefieders. So beschrieb der griechische Philosoph Aristoteles das wachsame Verhalten, griechische Dichter verbanden die herbstliche Ankunft der Kraniche mit der Erkenntnis, es sei Zeit, die Äcker zu pflügen. Die Ägypter wussten, dass nun die Zeit der Regenfälle und Überschwemmungen des Nils nahte.

Origamikunst mit Symbolgehalt: gefalteter Kranich

Im antiken Griechenland wurden die Kraniche als Begleiter verschiedener Götter auf dem Weg vom Himmel zur Erde angesehen, im Taoismus galt und gilt der Kranich als ein Tragtier, das die Seelen verstorbener Priester in das Himmelsreich fliegt, im Buddhismus als Mittler zwischen der Erdenwelt und der Welt des Himmels. Kranichen wurde und wird Unsterblichkeit zugesprochen, was sich aus Grabbeigaben und Skulpturen schließen lässt, die sich in ägyptischen und in chinesischen Herrschergräbern fanden. Ornamente in Kranichform zieren ägyptische Tempel ebenso wie chinesische Paläste, dort teilweise sogar als juwelenbesetzte Schmuckstücke. In China ging die Liebe zu den Kranichen so weit, dass sie als Hoftiere gehalten wurden und bei Kutschfahrten hochrangige Abgesandte des Kaisers begleiten durften oder mussten. Auch in Indien hielt man diese »Vornehmsten aller Hoftiere«. Die Muster des Formationsfluges dienten im antiken Griechenland zur Gestaltung bestimmter Schriftzeichen, und in den ägyptischen Hieroglyphen steht die Flugform für den Buchstaben »B«. In der chinesischen Schrift steht das Symbol für den Kranich für Langlebigkeit, Weisheit und die Beziehung zwischen Vater und Sohn.

Auch bei den nordamerikanischen Ureinwohnern wurde der Kranich als »Häuptling der Vögel« angesehen, und der Federschmuck ihrer Häuptlinge wies häufig nicht nur Adlerfedern, sondern auch Kranichfedern auf.

Es gab aber nicht nur die übertragenen Bedeutungen, sondern auch praktische Erwägungen, die dazu geführt haben, dass die Kraniche den Menschen so nahe waren und sind: Dass aus Kranichknochen vor etwa 9000 Jahren in China und auch von den nordamerikanischen Ureinwohnern Flöten hergestellt wurden, ist nur ein bescheidener Nutzen. So wurden die Vögel in Ägypten als Opfertiere, als Hüter des Hofes und Fleischlieferanten gehalten, ebenso in Griechenland. Auch als Jagdbeute waren (und sind) Kraniche beliebt: Vor allem im Mittelalter finden sich in Kochbüchern Beschreibungen, wie Kraniche zubereitet werden können – bestimmten Körperteilen wurde sogar heilende Wirkung zugesprochen.

Vor allem in Japan gilt der Kranich zudem als Friedenssymbol: Auch dort besagt eine Legende, dass Kraniche tausend Jahre alt werden können und eine kranke Person, die tausend Papierkraniche in der Origamitechnik faltet, wieder gesund wird. Genau das machte das Mädchen Sadako Sasaki, das aufgrund des Atombombenabwurfs in Hiroshima an Leukämie litt. Trotz ihrer 1600 gefalteten Kraniche starb es an der Krankheit. Infolgedessen wurden die Papierkraniche zu Symbolen gegen Atomwaffen und für die Friedensbewegung.

Bild rechts: Jungfernkraniche im Steppenwind

Artmonographien

Graukranich

Grus grus

Größe: 110 – 130 cm
Spannweite: 220 – 245 cm
Gefährdungsstatus: nicht gefährdet
Bestand: 600 000 – 800 000 Individuen

Spannendes

- *Der Graukranich lebt in über 80 Ländern der Welt und hat von allen Kranicharten die weiteste Verbreitung.*
- *In der Mythologie sind die Kraniche die Vögel des Glücks, der Wachsamkeit und der Klugheit. Sie sind ein Symbol für das ewige Leben, sie sind Begleiter der Götter und waren Opfertiere.*

Bild links: Graukranich, Bilderklärung siehe Seite 172

Aussehen

Die Systematik dieser Kranichart ist hinsichtlich möglicher Unterarten noch offen. In Fachkreisen wird die folgende Unterteilung besprochen:

- *Grus grus grus* aus Europa bis zum Ural
- *Grus grus lilfordi* aus Nordasien und Ostasien
- *Grus grus archibaldi* aus Westasien bis in den Iran
- *Grus grus korelovi* aus Zentralasien

Diese Unterarten lassen sich anhand ihrer Gefiederfärbung nicht mit Sicherheit unterscheiden. Tendenziell scheint die diskutierte östliche Unterart *archibaldi* heller zu sein, das Auge ist oft gelb, die Kopfplatte schwarz – aber es gibt Überschneidungen!

Graukraniche sind mittelgroße graue Kraniche, deren verlängerte Armschwingen etwas dunkler und elegant geschwungen sind. Zwischen dem schwarzen Vorderhals und Hinterkopf erstreckt sich ein weißer Streifen, der sich im Bereich des Vorderrückens mit dem grauen Rückengefieder verbindet. Die Kopfplatte ist je nach Erregungszustand mal mehr, mal weniger intensiv rot. Am unauffälligsten ist diese rote Kopfplatte bei den in Westasien brütenden Vögeln. Während der Brutzeit kann das Rückengefieder bräunlich, ockerfarben oder rötlich sein, da es die brütenden Kraniche mit derart gefärbtem Schlamm oder Wasser einreiben, um während der Brut optisch weniger auffällig und dadurch besser geschützt zu sein. Die Jungvögel sind insgesamt ockerfarbener gefärbt und erhalten das vollständige Alterskleid im Alter von drei Jahren.

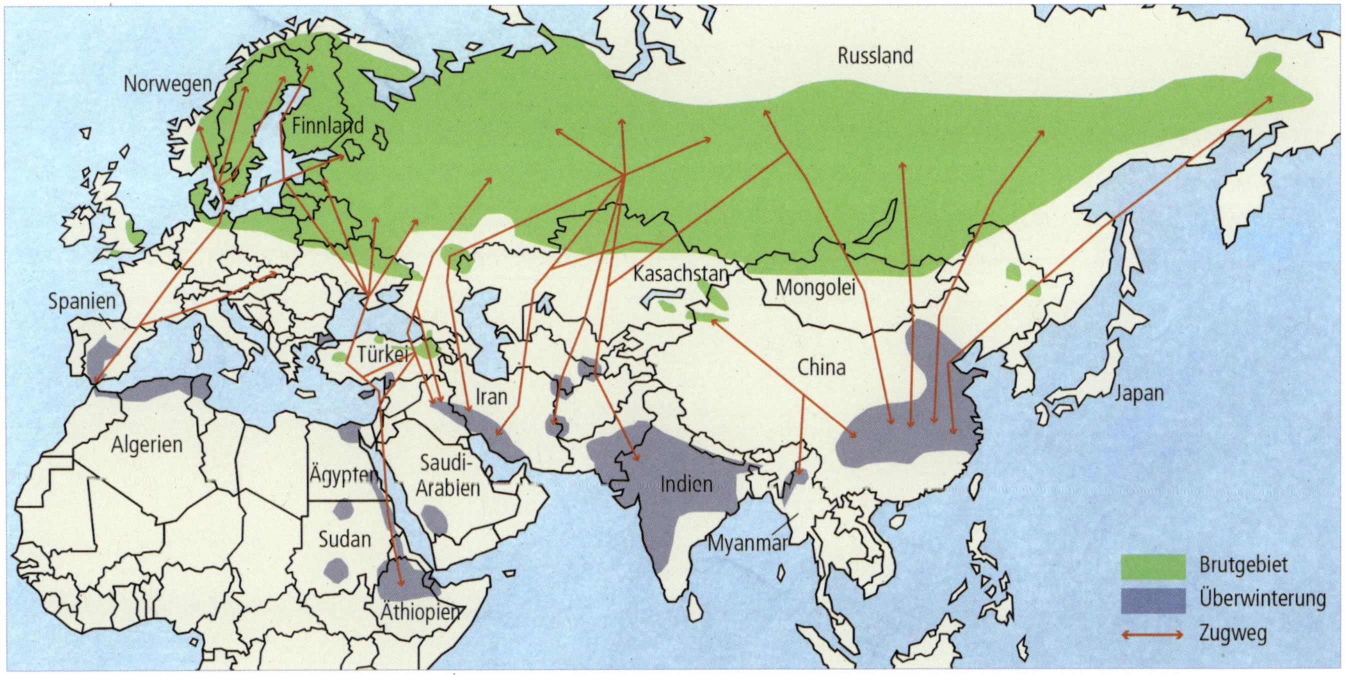

Graukranich – Brutgebiete und Wintergebiete mit Zugwegen

Lebensraum

Graukraniche besiedeln in ihrem europäischen und asiatischen Brutlebensraum eine Vielzahl unterschiedlicher Habitate: Sie kommen in arktischen Hochmooren ebenso vor wie in mitteleuropäischen Waldmooren, sie brüten an schilfbestandenen Seeufern, in Überschwemmungsbereichen von Flüssen, an Verlandungszonen von Teichen und Tümpeln inmitten von Wäldern. Brutvorkommen gibt es in wassergefüllten Toteislöchern und selbst auf fast vegetationslosen Teichen, sofern diese ungestört sind. Wichtig ist immer, dass Ungestörtheit garantiert ist und die Nester von Wasser umgeben sind, sodass die Brut vor Fressfeinden geschützt ist. Während des Zuges und im Winter ist die Wahl des Lebensraums ebenfalls wenig spezifisch: Die größten Ansprüche werden an die Schlafplätze gestellt, denn auch diese müssen aus Schutzgründen – wie bei fast allen Kranicharten – von Wasser umgeben sein. Geeignete Schlafplätze sind beispielsweise die Boddenlandschaft der Ostseeküste, Flussdeltas im Baltikum, teilweise Tagebaugebiete oder Regenrückhaltebecken, ehemalige Klärbecken, Lagunen oder Flachseen im Binnenland und an der Küste. Nahrungssuchende

Kraniche finden sich vor allem auf landwirtschaftlich genutzten Flächen, in Überschwemmungsbereichen von Flüssen, in nahrungsreichen Steppenlandschaften, und selbst die spanischen Stein- und Korkeichenhaine stellen ein regelmäßig aufgesuchtes Winterquartier dar. Nahrungsgrundlage dort sind die Eicheln.

An manchen Stellen in Europa wie beispielsweise dem schwedischen Hornborgasee oder an der mecklenburgischen Ostseeküste finden Ablenkfütterungen für Kraniche statt mit dem Ziel, die Kranichschwärme auf Flächen zu lenken, auf denen sie der Landwirtschaft keinen Schaden zufügen.

Jahresverlauf

Der Zug der Kraniche ist neben den eindrucksvollen Tänzen das wohl spektakulärste Ereignis im Jahresverlauf der Kraniche. Vor allem während des Herbstzuges im Oktober und November sammeln sich Zehntausende von Kranichen an traditionellen Rastplätzen und ziehen in Abhängigkeit von bestimmten Wetterkonstellationen in ihre Überwinterungsquartiere. Typisch sind dabei die v-förmigen Flugformationen der großen Schwärme. Es gibt drei Hauptzugwege in Europa, die Graukraniche im Herbst in ihre Überwinterungsgebiete und im Frühjahr in ihre Brutgebiete nutzen:

- den **westeuropäischen** Zugweg, bei dem die Kraniche Mitteleuropas, Schwedens und Norwegens sowie des westlichen Baltikums über Mitteleuropa nach Spanien und Nordwestafrika ziehen,
- den **baltisch-ungarischen** Zugweg, bei dem die finnischen, baltischen und weißrussischen Kraniche über Ungarn, Italien, den nördlichen Balkan und das Mittelmeer nach Nordwestafrika ziehen,
- den **osteuropäischen** Zugweg, bei dem vor allem die zwischen dem Ural und dem Baltikum brütenden Populationen über das Schwarze Meer, die Türkei und entlang der östlichen Mittelmeerküste bis nach Israel und Äthiopien wandern.

Zusätzlich gibt es eine Reihe weiterer Zugwege der asiatischen Populationen.

So führt beispielsweise der **westsibirisch-kasachische** Zugweg die Vögel aus Nordwestasien nach Pakistan und Indien, der **ostsibirisch-chinesische** Zugweg die Brutvögel östlich des Urals nach Korea oder Südostchina. Dort überwintern sie an großen Seen, Lagunen, Flussdeltas und in landwirtschaftlichen Bereichen, in deren Nähe sich Schlafgewässer befinden.

Aufgrund der Klimaerwärmung und verbesserter Nahrungssituationen durch die intensive Landwirtschaft überwintern Kraniche aller Zugwege zunehmend auch deutlich weiter nördlich ihrer ursprünglichen Überwinterungsquartiere. So sind Kraniche an der Ostseeküste im Dezember keine ungewöhnliche Beobachtung mehr.

In den Überwinterungsquartieren und vor allem während des Frühjahrszuges findet die Balz mit den eindrucksvollen Tänzen statt. Dabei werden Partnerschaften gebildet oder gefestigt, die zum Teil ein Leben lang halten können. Der Abzug aus den Überwinterungsquartieren erfolgt ab Mitte Februar und verläuft schneller und weitaus weniger auffällig als der Herbstzug. Die folgende Beschreibung gilt für die in Mitteleuropa brütenden Kraniche – bei den nördlich davon brütenden Vögeln können sich die genannten Termine um wenige Wochen nach hinten verschieben.

Ab Ende Februar erscheinen die frühesten Kraniche in ihren Brutgebieten, wo sie ihr Revier besetzen und gegen Rivalen verteidigen. Mit dem Bau eines einfachen, aus Pflanzenteilen zusammengesetzten Nestes, umgeben von Wasser, wird im März begonnen, wobei auch das Nest des Vorjahres genutzt und ausgebessert werden kann. Die Eiablage fällt auf Ende März, Anfang April. Meistens werden zwei Eier in die Nestmulde gelegt und etwa einen Monat lang bebrütet. Sowohl Männchen als auch Weibchen brüten. Nach dem Schlupf Anfang Mai führen die Eltern die sofort schwimmfähigen Jungvögel, die im Abstand von ein bis zwei Tagen schlüpfen. Als Nestflüchter sind sie sofort selbstständig, wenngleich sie in ihren ersten Lebenstagen noch von den Eltern gefüttert werden und von diesen Nahrung gezeigt bekommen. Mit dem Älterwerden der Jungen erweitert sich der Aktivitätsradius der Familie, und nach dem Erreichen der Flugfähigkeit im Alter von etwa drei Monaten bilden sich kleine Familienverbände, die im Laufe des Sommers immer größer werden und schließlich zu den großen bekannten Trupps anwachsen. Die Geräuschkulisse dieser Familienverbände und in den Süden ziehender Schwärme wird zumeist von den trompetenden Rufen charakterisiert. Das unwirklich hohe Fiepen dazwischen stammt von den Jungvögeln!

Die Vögel, die noch nicht geschlechtsreif sind, bilden verteilt zwischen den Überwinterungsgebieten, den Zuggebieten und Brutgebieten mehr oder weniger große Trupps, die sich den ziehenden Schwärmen letztendlich anschließen.

Beobachtungsorte

Der in Mitteleuropa bekannteste Rastplatz ist sicher die Boddenlandschaft in Mecklenburg-Vorpommern. Zehntausende von Kranichen rasten dort alljährlich ab Anfang Oktober bis etwa Mitte November. Auf dem Frühjahrszug gibt es diese Rastansammlungen dort nicht, weil die Vögel schnell und in kleineren Trupps die Brutgebiete aufsuchen. Gleiches gilt für den schwedischen Hornborgasee, 120 Kilometer nordöstlich von Göteborg. Die Diepholzer Moorniederung und die mecklenburgische Seenplatte im Bereich der Müritz beherbergen große Rastbestände. In Frankreich lassen sich in der Umgebung des Lac du Der-Chanteqoc Zehntausende von Kranichen beobachten, an der spanischen Laguna Gallocanta ebenso. In China finden sich Beobachtungsorte für Graukraniche der Unterart *lilfordi* am Fluss Huang He oder am Poyang-See.

Gefährdung

Aufgrund intensiver Schutzmaßnahmen und verbesserter Nahrungsbedingungen durch die ansonsten für Artenarmut mitverantwortliche intensive Landwirtschaft haben die Bestände Mittel,- Nord- und Osteuropas in den letzten Jahren zugenommen. Die Vögel profitieren zudem vom Schutzstatus einiger Rastgebiete, der dadurch gestärkt wird, dass sich diese Gebiete für den Tourismus eignen. Dennoch gibt es Gefährdungen, vor allem die Entwässerung von Brutlebensräumen. Fatal können sich die zunehmend niedrigen Wasserstände auswirken, weil damit Nester ungeschützt sind, ebenso ein sinkender Bruterfolg, da Ruhezonen um die Brutgebiete für das beschützende Führen der Jungvögel unsicher werden.

Vor allem in den asiatischen Ländern ist die Lebensraumzerstörung ein gewichtiger Grund dafür, dass dort die Bestandszahlen abnehmen. Dies gilt sowohl für Brutplätze als auch für Rastgebiete und Überwinterungsquartiere. Jagd spielt dort ebenso eine nicht zu unterschätzende Rolle, und wie im Westen des Verbreitungsgebietes steigt auch dort die Zahl der Todesopfer an Hochspannungsleitungen.

Jungfernkranich

Anthropoides virgo / Grus virgo

Größe: 85 – 100 cm
Spannweite: 165 – 185 cm
Gefährdungsstatus: nicht gefährdet
Bestand: 270 000 – 300 000 Individuen

Spannendes

- *Jungfernkraniche sind die kleinsten Kraniche der Erde.*
- *Sein Name wurde dem Vogel durch die Königin Marie-Antoinette gegeben, nachdem er aus den asiatischen Steppen nach Frankreich eingeführt wurde. Sein Erscheinungsbild erinnerte die Königin an das Ebenbild feiner, junger Damen. Die offizielle Beschreibung des Vogels jedoch erfolgte durch den schwedischen Naturforscher Carl von Linné.*
- *Jungfernkraniche sind die am höchsten ziehenden Kraniche – sie wurden schon auf etwa 8000 Meter Höhe beobachtet!*

Bild links: Jungfernkranich, Bilderklärung siehe Seite 172

Aussehen

Jungfernkraniche besitzen ein hellanthrazitfarbenes Gefieder und lange, etwas dunklere Schmuckfedern, die nahezu den Boden erreichen. Das Halsgefieder sowie das Gesicht sind sehr dunkel anthrazitfarben, wobei sich die Federn des Halses als besonders lang und lanzettförmig präsentieren. Kennzeichnend ist ein eleganter weißer Ohrbüschel hinter dem roten Auge, der sichelförmig bis in den Nacken reicht. Die Kopfplatte ist hellgrau. Jungvögel sind insgesamt weniger kontrastreich gefärbt. Schnabel und Zehen sind kurz – wie beim Paradieskranich (siehe ab Seite 69) eine Anpassung an den zumeist trockenen Lebensraum.

Lebensraum

Jungfernkraniche brüten in Steppen, Halbwüsten und sogar Wüsten, die sich zum Teil auch auf Hochebenen bis auf etwa 2400 Metern befinden können. In manchen Regionen brüten die Kraniche auch auf landwirtschaftlich genutzten Flächen, wobei der Bruterfolg dort sehr stark von der Art der Bewirtschaftung abhängt. Je intensiver die Viehbeweidung, desto geringer der Bruterfolg. Anders als andere Kranicharten (bis auf den Paradieskranich) brüten sie auf dem Boden ohne unmittelbare, schützende Umgebung von Wasser. Wichtig ist jedoch immer auch das Vorhandensein von Wasser, das vom Brutplatz nicht mehr als 200 bis 500 Meter entfernt sein sollte.

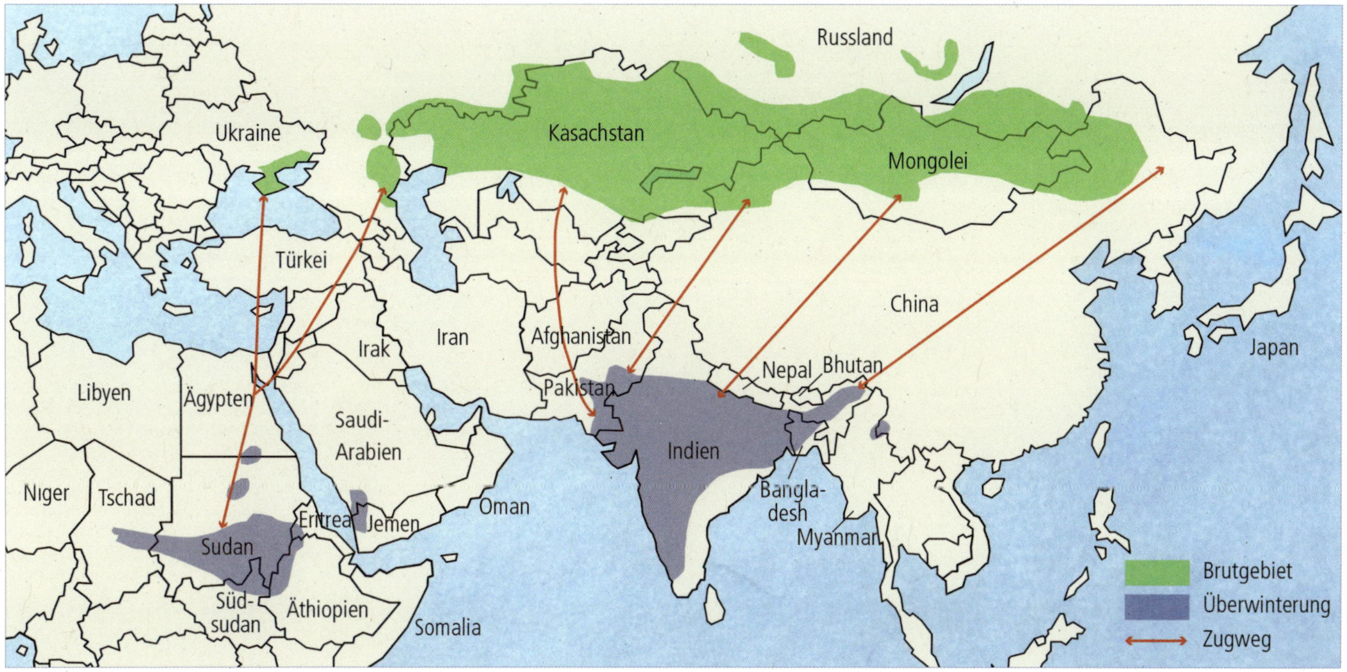

Jungfernkranich – Brutgebiete und Wintergebiete mit Zugwegen

Die Hauptverbreitung befindet sich in den asiatischen Steppen etwa von der Ukraine über die Kalmückensteppe bis nach China. Ein isoliertes Vorkommen mit einer sehr kleinen Population gibt es vermutlich noch im Osten der Türkei. Die Überwinterungsgebiete befinden sich für die im Westen des Verbreitungsgebietes brütenden Vögel im Tschad, Sudan, in Eritrea und Äthiopien, während die östlich brütenden Vögel in Pakistan sowie Nord- und Zentralindien überwintern.

Während des Zuges rasten Jungfernkraniche in sehr ähnlichen Lebensräumen wie während der Brutzeit, wobei sie dann öfter in Wassernähe anzutreffen sind. Weiterhin nutzen sie während dieser Zeit auch landwirtschaftliche Flächen. In manchen Regionen Nordindiens werden die Vögel von Bewohnern gefüttert, sodass dadurch die dort rastenden Bestände stark angestiegen sind.

Jahresverlauf

Mit dem Grünwerden der Steppenregionen zwischen Ende März und Mai kommen die Jungfernkraniche nach dem etwa zweiwöchigen Heimzug in ihren Brutgebieten an. Oft haben sie sich bereits in den Überwinterungsgebieten gepaart, und wie bei allen anderen Kranicharten hält die Ehe oft ein Leben lang. Das Nest ist nicht viel mehr als eine in den Boden gescharrte Mulde und enthält oft zwei Eier. Während der etwa einmonatigen Brutzeit brüten beide Partner, wobei das Revier vehement gegen Eindringlinge verteidigt wird. Nach dem Schlupf der Küken werden die Jungen bis zu deren Flugfähigkeit geführt, und auch danach bleibt die Familie bis zum Zeitpunkt der Überwinterung und oft des darauffolgenden Zuges in die Brutheimat zusammen. Im August und September verlassen die Jungfernkraniche ihre Brutreviere. Während des Zuges bilden sie kleinere Schwärme, deren Bestände durch den Zusammenschluss der einzelnen Verbände im Zugverlauf stetig ansteigen. So können in den Überwinterungsgebieten bis zu mehrere Tausend Individuen zusammenkommen. Teilweise sind sie dabei vergesellschaftet mit Graukranichen. Auf dem Zug überqueren diese Vögel regelmäßig den Himalaya und erreichen dabei Flughöhen von etwa 8000 Metern.

Beobachtungsorte

Der wohl bekannteste Beobachtungsplatz für Jungfernkraniche ist der Ort Khichan in Rajasthan in Nordindien. Dort hatten die Bewohner des Dorfes Mitleid mit den scheinbar nur Steine fressenden Kranichen, sodass sie begannen, sie zu füttern. Mittlerweile ist dieser Ort ein bekanntes Reiseziel kranichbegeisterter Touristen geworden.

Gefährdung

Die Jungfernkraniche leiden vor allem unter der starken Veränderung der Steppenregionen: Feuchtgebiete trocknen aus, und die Steppen werden aufgrund der Überweidung durch die fehlende Vegetation und verschwindende Nahrungsgrundlage in Form von Großinsekten für Jungfernkraniche wertlos. Nicht zu unterschätzen ist auch die zunehmende Gefährdung durch verwilderte Hunde, die vor allem die noch nicht flugfähigen Jungkraniche erbeuten.

Paradieskranich

Anthropoides paradiseus / Grus paradiseus

Größe: 100 – 120 cm
Spannweite: 170 – 180 cm
Gefährdungsstatus: gefährdet
Bestand: 25 000 – 30 000 Individuen

Spannendes

- *Paradieskraniche besitzen die im Verhältnis zur Körpergröße längsten Schmuckfedern aller Kranicharten – sie können bis auf den Boden reichen.*
- *Bei einigen afrikanischen Völkern wird der Paradieskranich verehrt und nur sehr wenige ausgewählte Stammesmitglieder dürfen sich mit den Federn dieses Vogels schmücken.*
- *Paradieskraniche sind eine von nur zwei Kranicharten, deren Nest nicht von Wasser umgeben sein muss.*
- *Der Paradieskranich ist der Nationalvogel Südafrikas.*
- *Diese Kranichart hat von allen Kranicharten weltweit das kleinste Verbreitungsgebiet.*

Bild links: Paradieskranich, Bilderklärung siehe Seite 172

Aussehen

Paradieskraniche sind sehr hübsche, kleine und insgesamt hellgraublau gefärbte Kraniche mit auffällig langen und etwas dunkleren Armschwingen, die dem Vogel eine Eleganz verleihen, welche sich in dem lateinischen Artnamen 'paradiseus' widerspiegelt. Seine Kopfplatte ist hell und der Schnabel kurz und ockerfarben. Dieser Kranichart fehlen die roten, unbefiederten Bereiche am Kopf, die für viele andere Vertreter der Kraniche typisch sind.

Lebensraum

Paradieskraniche ziehen nicht. Sie brüten in nahrungsreichen, weiten und offene Graslandschaften vor allem in Südafrika und Namibia, in deren Umgebung sich Wasserflächen zum nächtlichen Schlafen oder zum Trinken befinden. In Namibia besiedeln sie zusätzlich Zwergstrauchflächen. Mittlerweile brüten Paradieskraniche auch auf landwirtschaftlichen Flächen, auf von Weidetieren genutzten Wiesen und selbst in Landschaften, die zur Nutzung regelmäßig abgebrannt werden. Der Bruterfolg auf den von Menschen bewirtschafteten Flächen ist sehr stark davon abhängig, wie sehr sich die Flächenbesitzer in den Kranichschutz einbinden lassen. All diese Lebensräume werden sowohl während als auch außerhalb der Brutzeit genutzt. Der recht kurze Schnabel sowie die im Vergleich zu wasserliebenden Kranicharten recht kurzen Zehen sind gute Anpassungen an den zumeist trockenen Lebensraum.

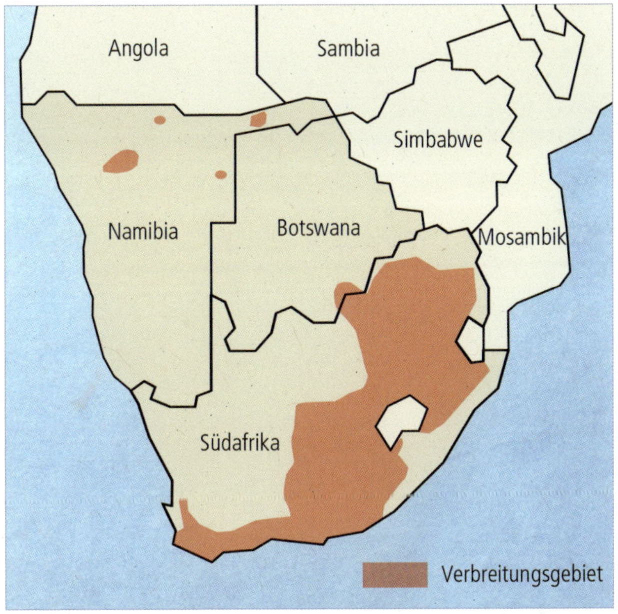

Paradieskranich –
Brutverteilung im südlichen Afrika

Jahresverlauf

Die Kraniche brüten zwischen Oktober und Februar. Das Gelege besteht aus zwei bis drei Eiern und wird von beiden Partnern abwechselnd 25 bis 30 Tage bebrütet. Im Anschluss an die Brutzeit werden die Jungvögel etwa sechs Monate durch die Eltern geführt. Regelmäßig schließen sich diese Familienverbände sowie Nichtbrüter zu Trupps zusammen, die aus mehreren Hundert Individuen bestehen können. Nach der Brutzeit finden sich die Schwärme auch auf landwirtschaftlichen Flächen ein, auf denen sie sich von übrig gebliebenem Getreide ernähren.

Beobachtungsorte

Paradieskraniche haben ihre höchste Brutdichte in der Karoo-Region sowie in der westlichen Kap-Provinz in Südafrika.

Gefährdung

Die Aufforstung weiter Grassavannen mit schnell wachsenden Bäumen zur Holzgewinnung sowie die Vernichtung der Grasländereien durch den Anbau von Mais und Weizen sind wichtige Gefährdungsursachen. Zusätzlich sind die Jungen dieser bodenbrütenden Vogelart leichte Beute für herumstreunende Hunde sowie andere Feinde am Boden wie Füchse, Mangusten oder andere Raubsäuger. Immer wieder verunglücken Vögel an Hochspannungsleitungen. Vergiftungen durch Landwirte sind seltener geworden.

Schneekranich

Leucogeranus leucogeranus

Größe: 125 – 140 cm
Spannweite: 240 – 260 cm
Gefährdungsstatus: vom Aussterben bedroht
Bestand: 3600 – 4000 Individuen

Spannendes

- *Mit 83 Jahren war ein in Gefangenschaft gehaltener Schneekranich der älteste Kranich der Welt und steht sogar im Guinness-Buch der Rekorde.*
- *Schneekraniche zählen zu den Kranicharten mit der höchsten Bindung an Wasser und haben innerhalb dieser Kranichgruppe die längsten Zehen.*
- *Der Schneekranich ist die weißeste aller Kranicharten – daher sein Name.*
- *Zusammen mit einer Unterart des Kanadakranichs hat der Schneekranich mit etwa 6000 Kilometern den längsten Zugweg aller Kranicharten.*
- *Der letzte bekannte Schneekranich der westlichen Brutpopulation hat sogar einen eigenen Namen: »Omid« – auf Deutsch: »Hoffnung«.*

Bild links: Schneekranich, Bilderklärung siehe Seite 172

Aussehen

Ausgewachsene Schneekraniche sind zumeist rein weiße Kraniche, bei denen lediglich die Handschwingen schwarz gefärbt sind, was aber fast nur während des Fluges sowie verschiedener Putz- und Balzhaltungen zu erkennen ist. Schnabel und Beine sind rot bis rosafarben. Das vordere Gesicht ist unbefiedert und daher auch rot. Die Jungvögel sind deutlich ockerfarbener gefärbt.

Lebensraum

Das Brutgebiet der Schneekraniche erstreckte sich ursprünglich über die sibirische Tundra zwischen dem Ural im Westen und Yakutien im Osten.

Während des Schreibens dieses Buches (2021) existiert von der westlichsten Population nur noch ein einziger bekannter Vogel, während in den östlichsten Brutgebieten in Yakutien noch zwischen 3600 und 4000 Individuen vorkommen.

Während die westlichen Populationen im Iran und in Nordindien überwinterten und auch in den angrenzenden Ländern sehr selten beobachtet wurden, haben sich für die im Osten brütenden Vögel der Poyang-See und die Region am Unterlauf des Jangtsekiang in China als wichtigste Überwinterungsgebiete etabliert.

Während der Brutzeit lebt dieser Vogel in den Weiten der offenen sibirischen Tundra, wo er Moore, seggenbewachsene Überschwemmungsbereiche, Seeufer, Flussmündungen und seltener trockenere Umgebungen bevorzugt. In den Überwinterungsgebieten und während des Zuges ist er auf ungestörte und nahrungsreiche Feuchtgebiete angewiesen, in denen das Vorhandensein eines reichhaltigen Angebotes an unter Wasser vorkommenden Wurzeln, Sprossen und Knollen besonders wichtig ist. Im Gegensatz zu vielen anderen Kranicharten findet man ihn deutlich seltener auf landwirtschaftlich genutzten Flächen, sondern fast ausschließlich in Überschwemmungsbereichen großer Flüsse, an Steppenseen und in Flussdeltas. So gibt es regelmäßig Beobachtungen ziehender Vögel oder noch nicht geschlechtsreifer jüngerer Vögel an den Steppenseen in der Mongolei.

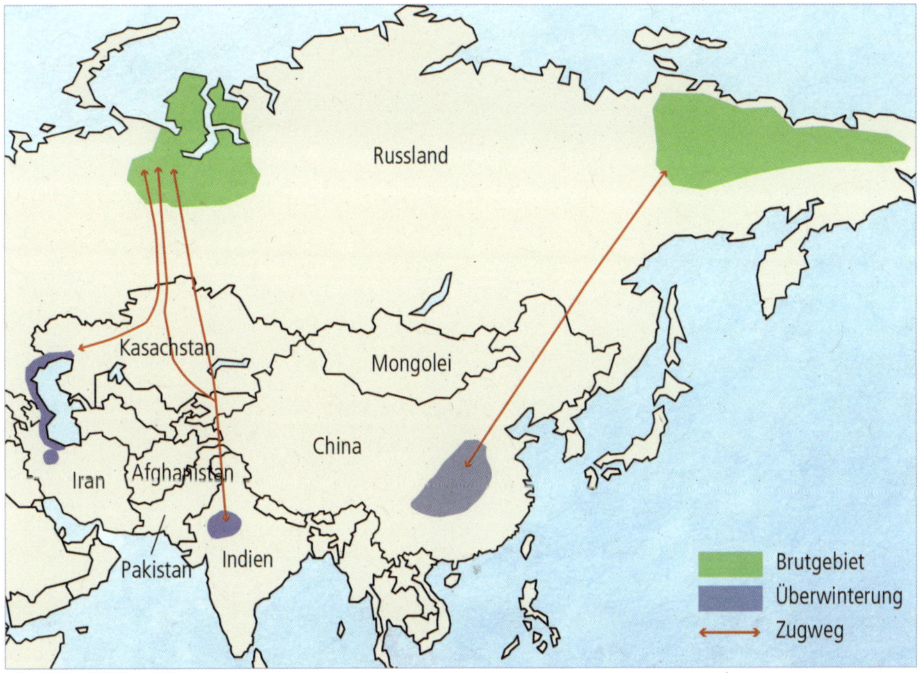

Brutgebiete und Wintergebiete mit Zugwegen der westlichen und östlichen Schneekraniche

Jahresverlauf

Die in lebenslanger Ehe lebenden Schneekraniche kommen ab Ende April in ihren hochnordischen Brutgebieten an. Zumeist umgeben von einer schützenden Wasserfläche bauen sie eine Nestplattform, in der beide Partner für etwa einen Monat abwechselnd das aus bis zu zwei Eiern bestehende Gelege bebrüten. Anschließend führen sie das Junge (selten zwei) bis zu dem gemeinsamen Abflug in die Winterquartiere Anfang September. In den Brutgebieten besteht die Nahrung der Schneekraniche zu einem erheblichen Teil aus Moosbeeren, die sie mit dem recht feinen Schnabel gut absammeln können – allerdings sind Schneekraniche wie alle anderen Kranicharten Allesfresser.

Schneekraniche bilden während des Zuges keine so großen Schwärme wie viele andere Kranicharten. Lediglich in den Überwinterungsgebieten, die ab Ende September erreicht werden, kommen Trupps von wenigen Tausend Individuen zusammen. Schneekraniche sind hinsichtlich ihrer Rastgebiete sehr standorttreu.

Beobachtungsorte

Die besten Orte für Schneekranichbeobachtungen sind der Poyang-See in China und das Momoge National Nature Reserve in Nordostchina.

Gefährdung

Wie alle Kranicharten leidet der Schneekranich zuvorderst unter Lebensraumzerstörung. Es ist insbesondere die Vernichtung geeigneter Feuchtgebiete in den Durchzugs- und Überwinterungsgebieten, die seinen Rückgang begründen. So engt beispielsweise Ölförderung in den Brutgebieten seinen Lebensraum ein, in den Durchzugsgebieten das Austrocknen oder die landwirtschaftliche Nutzung der Seenbereiche, in den Überwinterungsgebieten Chinas gigantische Staudämme (Drei-Schluchten-Talsperre!), weitere Staudammvorhaben und exzessive Nutzung der Flusslandschaften bis zur Mündung. Dazu kommt in ganz besonderem Maße in den (ehemaligen) westlichen Durchzugsgebieten ein starker Jagddruck. Die andauernde Trockenheit vor allem am Hauptüberwinterungsplatz, dem Poyang-See in China, führt dazu, dass Kraniche in für sie deutlich weniger geeignete landwirtschaftliche Bereiche ausweichen müssen. In Indien wurden die Bestände zusätzlich durch den Einsatz von Umweltgiften verringert.

Mittlerweile werden einzelne Schneekraniche mit kleinen Sendern versehen, um mehr über die Aktivitätsmuster dieser Vogelart zu erfahren und letztendlich Naturschutzmaßnahmen herleiten zu können.

Um die nahezu ausgestorbene westliche Population zu stärken, wurden in Gefangenschaft erbrütete Schneekraniche ausgesetzt und mithilfe von Begleitung durch Ultraleichtflugzeuge während des Zuges an Zug- und Überwinterungsgebiete gewöhnt, ähnlich wie bei nordamerikanischen Schreikranichen (siehe Seite 88). Bisher sind hier aber noch keine sichtbaren Erfolge zu vermelden.

Kanadakranich

Grus canadensis / Antigone canadensis

Größe: 90 – 120 cm
Spannweite 175 – 195 cm
Gefährdung: Gesamtbestand nicht gefährdet, zwei Unterarten vom Aussterben bedroht
Bestand aller Unterarten: etwa 830 000 Individuen

Spannendes

- *Das älteste Fossil, das dieser Vogelart zugeordnet werden kann, stammt aus Florida und ist etwa 2,5 Millionen Jahre alt – und damit eines der ältesten Vogelfossilien überhaupt!*
- *Kanadakraniche sind die einzige Kranichart, die in Nordamerika und in Asien brütet.*
- *Der älteste bekannte Kanadakranich wurde 37 Jahre alt.*
- *Diese Kranichart ist neben dem Graukranich die häufigste Kranichart der Welt. In Florida werden diese Vögel sogar in der Stadt umherlaufend gesehen.*
- *Der Kanadakranich ist die einzige Kranichart der Welt, die für einen sehr kurzen Zeitraum bejagt werden darf.*
- *Asiatische Kleine Kanadakraniche haben mit etwa 7000 Kilometer Zugweg den längsten Zugweg aller Kranicharten.*

Bild links: Kanadakranich, Bilderklärung siehe Seite 172

Es gibt insgesamt fünf bis sechs Unterarten des Kanadakranichs, die sich teilweise hinsichtlich der Größe und bestimmter kleinerer Details vor allem in der Kopfzeichnung unterscheiden können. Einige dieser Unterarten sind sehr häufig, andere dagegen vom Aussterben bedroht. Nicht alle Unterarten sind Zugvögel.

Kanadischer Kanadakranich

Grus canadensis rowani

- möglicherweise keine eigene Unterart, sondern zu *Grus canadensis tabida* gehörig
- Zugvogel, nicht gefährdet
- Brutgebiete: Mittelkanada von Britisch Columbia ostwärts bis Ontario
- Überwinterung: Nordmexiko, südwestliche USA

Kleiner Kanadakranich

Grus canadensis canadensis

- Zugvogel, nicht gefährdet
- Brutgebiete: Nordalaska, Nordkanada, Ostsibirien
- Überwinterung: Nordmexiko, südwestliche USA

Aussehen

Kanadakraniche sind vornehmlich einheitlich graue Vögel mit einer roten Stirn und Kopfplatte sowie weißlichen Wangen. Das graue Gefieder wird im Frühjahr und Sommer zur Tarnung sehr häufig mit bräunlichem oder rötlichem Lehm benetzt, wodurch die graue Gefiederfärbung in unterschiedlichem Maße – aber vor allem auf dem Rücken – bräunlich wird. Die Jungvögel sind insgesamt bräunlich gefärbt. Ab dem dritten Lebensjahr sind sie von den Altvögeln nicht mehr zu unterscheiden.

Großer Kanadakranich

Grus canadensis tabida

- Zugvogel, nicht gefährdet
- Brutgebiete: südliches Kanada und zentrale USA
- Überwinterung: südöstliche USA

Florida-Kanadakranich

Grus canadensis pratensis

- Standvogel, Bestand gleichbleibend
- Brutgebiet und Überwinterungsgebiet: Zentralflorida

Mississippi-Kanadakranich

Grus canadensis pula

- Standvogel, vom Aussterben bedroht
- Brutgebiet und Überwinterungsgebiet: Küstensavanne von Louisiana

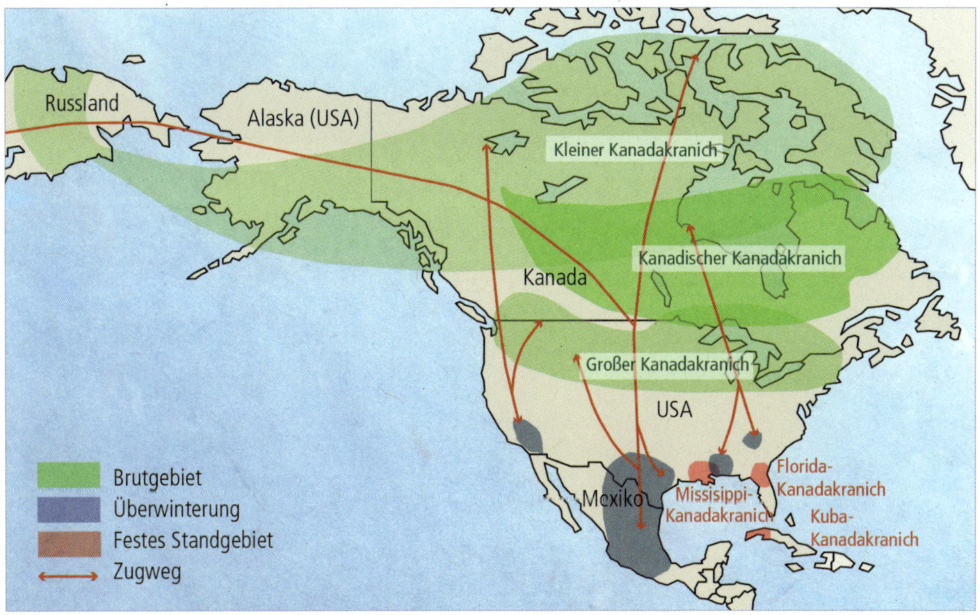

Kanadakranich – Brutgebiete, Rastgebiete und Wintergebiete mit Zugwegen der sechs Unterarten

Kuba-Kanadakranich

Grus canadensis nesiotes

- Standvogel, vom Aussterben bedroht
- Brutgebiet und Überwinterungsgebiet: Westkuba

Lebensraum

Diese Kranichart besiedelt eine Vielzahl offener Lebensräume wie Prärien, landwirtschaftliche Flächen, Sumpfgebiete und überschwemmte Wälder. Die Brutgebiete befinden sich vornehmlich in Sümpfen, Feuchtwiesen und Mooren, umgeben von Wald und Wiesen. Während der Zugzeiten und im Winter leben die Vögel vor allem auf landwirtschaftlichen Flächen.

Jahresverlauf

Die ziehenden Populationen der Kanadakraniche verlassen ihre Brutgebiete ab August und September, um sich an bestimmten Rastplätzen und Sammelplätzen einzufinden. Wie die europäischen Graukraniche sind auch sie Schmalfrontenzieher, die in einem eng umgrenzten Korridor in ihre Überwinterungsgebiete fliegen. Vor allem die südlichen Populationen des Großen Kanadakranichs überwintern zunehmend in der Nähe ihrer Brutgebiete. Die Kleinen Kanadakraniche, die in Asien brüten, überwintern ebenfalls im Süden Nordamerikas. Sie ziehen also über die Beringstraße zwischen Alaska und Russland im Herbst nach Westen. Nur ein verschwindend geringer Prozentsatz ist auch in Korea oder Japan als Überwinterungsgast zu finden.

Beobachtungsorte

Am Platte River in Nebraska rasten von Februar bis April etwa 80 Prozent des Weltbestandes vor allem des Kleinen und des Kanadischen Kanadakranichs. Dort gibt es eine Vielzahl von Einrichtungen wie das Rowe Sanctuary und das Crane Meadows Nature Center, wo ausgezeichnete Begegnungen mit Kanadakranichen ermöglicht und organisiert werden.

Während der Überwinterung ist das Bosque del Apache National Wildlife Refuge bei Socorro in New Mexico ideal für Beobachtungen, ebenso das Delta des Sacramento in Kalifornien.

Gefährdung

Vor allem der Kuba-Kanadakranich und der Mississippi-Kanadakranich sind mit ihren geringen Bestandszahlen (Kuba-Kanadakranich: 500 bis 600 Individuen, Mississippi-Kanadakranich: 110 bis 150 Individuen) sehr stark gefährdet und es existieren Schutzmaßnahmen wie beispielsweise Auswilderungen des Mississippi-Kanadakranichs, um die Bestände zu stärken. Der Grund für die Gefährdung ist vor allem die Vernichtung der Lebensräume.

Schreikranich

Grus americana

Größe: 115 – 130 cm
Spannweite: 230 – 250 cm
Gefährdung: stark gefährdet
Bestand: etwa 650 Individuen

Spannendes

- *Schreikraniche sind die größten Vögel Nordamerikas.*
- *Schreikraniche sind die seltensten Kraniche der Welt. 1941 kannte man weltweit nur 16 Individuen! Dank intensiver Schutzmaßnahmen gibt es nun wieder etwa 600 Individuen.*
- *Um Schreikranichen sichere Zugwege zu zeigen, dressierte man sie darauf, einem Ultraleichtflugzeug zu folgen, das als »Leittier« die Routen zwischen Wisconsin und Florida vorgab.*
- *Die Lieblingsnahrung dieser Kranichart in den Überwinterungsgebieten sind die »Blauen Krabben« (Callinectes sapidus).*

Bild links: Schreikranich, Bilderklärung siehe Seite 172

Aussehen

Erwachsene Schreikraniche sind fast vollständig weiß – bis auf die rote, federlose Stirn und den mal schwärzlich, mal rötlich wirkenden Bartstreif. Ihre Handschwingen sind schwarz, was allerdings beim stehenden Vogel nicht immer zu sehen ist. Die Jungvögel sind weitestgehend warm braun gefärbt, und je älter sie werden, desto größer wird die Anzahl weißer Federn. Ab dem dritten Lebensjahr kann man sie von Altvögeln nicht mehr unterscheiden.

Lebensraum

Schreikraniche brüten (und brüteten ursprünglich) in einsamen überschwemmten Waldmooren im Wood Buffalo National Park in Zentralkanada, wo ihre Population spät entdeckt wurde und offenbar sicher war. Aufgrund ihrer andernorts starken Gefährdung in den Brut- und Überwinterungsgebieten wurden sie an verschiedenen Orten ehemaliger Vorkommen mit unterschiedlichem Erfolg wieder angesiedelt oder (fast) erloschene Populationen durch Tiere aus Nachzuchten gestärkt oder wieder belebt, so zum Beispiel in Wisconsin, in Louisiana und in Florida. Auf dem

Zug bevorzugen Schreikraniche überschwemmte Bereiche von Wiesen und Flüssen sowie Sümpfe. Während des Winters halten sich die Brutvögel des Wood Buffalo National Parks an Küstenlagunen in Südtexas auf, wo sie ihre Lieblingsnahrung, die »Blauen Krabben« finden.

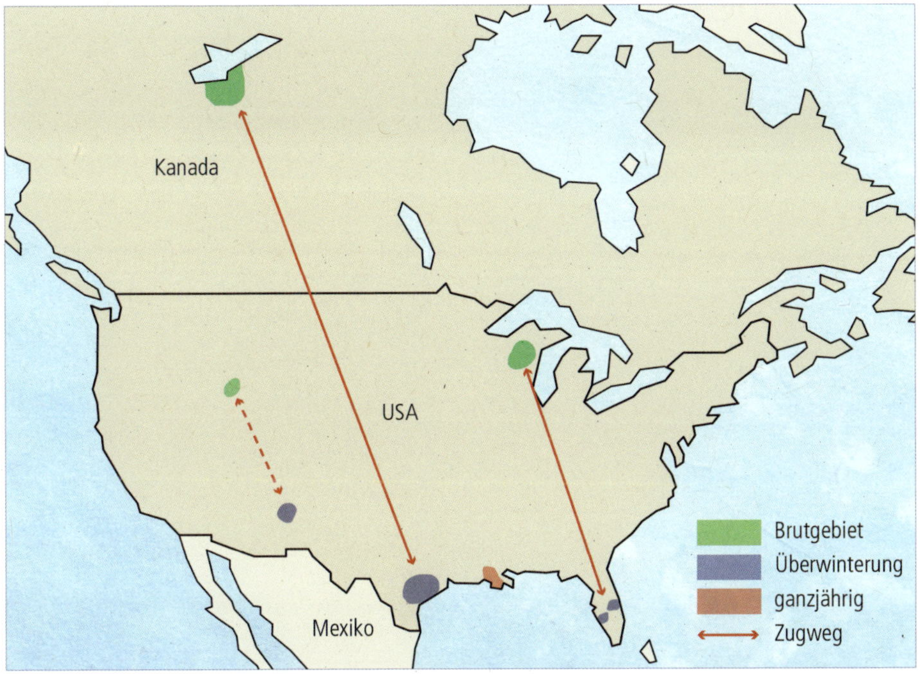

Schreikranich – Brutgebiete und Wintergebiete mit Zugwegen. Die westliche Population ist erloschen.

Jahresverlauf

Schreikraniche suchen und finden – wie alle ziehenden Kranicharten – ihre Partner in den Überwinterungsgebieten. Die Partnerschaft wird durch ausgiebige Tänze gefestigt, hält danach oft jahrelang, und gemeinsam fliegen sie ab Ende März in die Brutgebiete. Dort paaren sie sich. Beim Bebrüten der ein bis drei Eier wechseln sich die Partner ab. Zumeist wird nur ein Jungvogel großgezogen. Ab Anfang September ziehen diese Kraniche, die die am wenigsten gesellig ziehenden Kraniche sind, in ihre Überwinterungsgebiete. Sie bilden dabei Verbände von nicht viel mehr als zehn Individuen und schließen sich gelegentlich Kanadakranichen an.

Beobachtungsorte

Port Aransas an der texanischen Küste des Golfs von Mexiko ist der beste Ort, um im Winter die Schreikraniche zu beobachten, die in Kanada brüten. Im Chassahowitzka Wildlife Refuge in Florida kann man überwinternde Schreikraniche beobachten, die aus den wieder angesiedelten Brutvorkommen in Florida und Wisconsin stammen.

Gefährdung

Durch Lebensraumzerstörung und durch Jagd waren Schreikraniche im ersten Drittel der 20. Jahrhunderts fast ausgerottet. Um 1940 gab es bekannte Wintervorkommen nur noch von 16 Exemplaren an der texanischen Küste des Golfs von Mexiko. Die Brutgebiete waren unbekannt – bis nach jahrelanger Suche mit Hubschraubern die Brutorte in einem Nationalpark in der kanadischen Provinz Alberta gefunden wurden. Seitdem hat es umfangreiche Schutzmaßnahmen vieler Organisationen gegeben, die sich teilweise einzig und allein dieser Vogelart widmen. Sie zeigen Erfolge: Die Bestände der Schreikraniche haben sich auf insgesamt etwa 600 Vögel erhöht, einschließlich der Vögel in Gefangenschaft. Auf dem Weg zu diesem Erfolg wurden Kraniche aus Zuchtprojekten in Florida und Louisiana angesiedelt, wo es mittlerweile kleine, nicht ziehende Populationen gibt. In Florida überwintern zudem wenige Kraniche, die in Wisconsin wieder angesiedelt wurden. Der Zugweg zwischen Wisconsin und Florida wurde den Schreikranichen gezeigt, indem man es schaffte, eine Gruppe jüngerer Kraniche an ein Ultraleichtflugzeug zu gewöhnen, dem die Kraniche folgten. Bei der Aufzucht dieser »gelenkten« Kraniche wurde unter anderem darauf geachtet, dass die aus dem Ei geschlüpften Kraniche nie einen Menschen sahen, denn diese verkleideten sich als Schreikraniche! Nur so konnte gewährleistet werden, dass die jungen Schreikraniche erlernten, wer wirklich zu ihnen gehörte. Ein wichtiges Instrument für Paarbindung und Vermehrung! Mittlerweile werden Schreikraniche besendert, um mehr über die Zugrouten, Aufenthaltsorte und Gefährdungsursachen zu lernen.

Mandschurenkranich

Grus japonensis

Größe: 150 – 160 cm
Spannweite: 250 – 270 cm
Gefährdung: stark gefährdet
Bestand: 2800 – 3500 Individuen

Spannendes

- *Mandschurenkraniche sind die im Durchschnitt schwersten Kraniche. Diese Art ist bekannt für das Überwintern auf der schneebedeckten japanischen Insel Hokkaido, wo sie die auch für Kranichverhältnisse eindrucksvollsten Tanzposen präsentieren.*
- *Der Mandschurenkranich ist die in der chinesischen Kunst am häufigsten abgebildete Vogelart. In ihrer schwarz-weißen Flügelzeichnung sieht man das Yin-Yang-Prinzip verwirklicht, bei dem sich zwei entgegengesetzte Kräfte ergänzen. Zugleich gilt dieser Kranich als Vogel des Glücks und steht für das ewige Leben.*
- *Der Mandschurenkranich ist die einzige Kranichart der Welt mit weißen Handschwingen.*
- *Während es am Ende des 19. Jahrhunderts in Japan Tradition war, Mandschurenkraniche als Neujahrsmahl zu verspeisen, wurden sie nach 1930 aufgrund ihrer Seltenheit zum Nationaldenkmal erklärt.*

Bild links: Mandschurenkranich, Bilderklärung siehe Seite 172

Aussehen

Mandschurenkraniche zählen mit Schneekranichen und Schreikranichen zu den weißesten Kranicharten. Bei den Altvögeln sind lediglich die Armschwingen schwarz, ebenso der Hals und der vordere Bereich des Kopfes. Die Kopfplatte ist rot, der Schnabel gräulich ockerfarben. Die Jungvögel zeigen ein warm ockerfarbenes Gefieder.

Lebensraum

Mandschurenkraniche brüten in Ostsibirien im Einzugsbereich des Amur in der Region, die als Mandschurei bekannt ist. Die westlichsten Brutplätze befinden sich in der östlichen Mongolei. Von da aus erstreckt sich das Brutgebiet Richtung Osten über den Chankasee bis nach Ussurien. Die größten Vorkommen gibt es im Einzugsbereich des Flusses

Songhua in Nordostchina. Eine zweite Population befindet sich auf der im Norden Japans gelegenen Insel Hokkaido. Dort sind die Mandschurenkraniche Standvögel. Den Winter verbringen die japanischen Mandschurenkraniche unweit ihrer Brutgebiete auf Hokkaido, wo sie zum Überleben auch gefüttert werden. Die Populationen der Mandschurei dagegen überwintern vor allem in der entmilitarisierten Zone zwischen Nordkorea und Südkorea sowie im Delta des Jangtsekiang.

Als Brutlebensraum bevorzugt diese Kranichart vor allem ungestörte und weitläufige, 30 – 40 cm hoch überstaute Sumpfgebiete. Idealerweise sind sie bewachsen mit großen Seggen – und teilweise Schilfbeständen. Wie Schneekraniche und Schreikraniche ist sie eine auch während des Zuges und in den Überwinterungsgebieten stark auf aquatische Lebensräume angewiesene Kranichart, sodass sie deutlich weniger auf Agrarflächen zu finden ist.

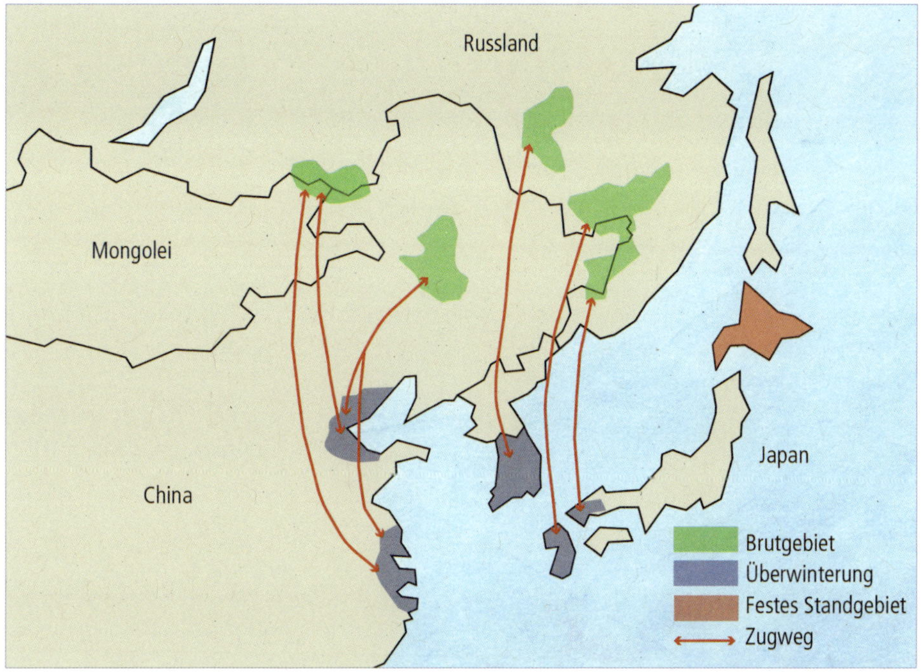

Brutgebiete und Wintergebiete der ziehenden Mandschurenkraniche im Amurbecken sowie festes Standgebiet auf der Insel Hokkaido

Jahresverlauf

Die ziehenden Mandschurenkraniche treffen in ihren Brutgebieten häufig etwas früher ein als andere Kranicharten. Oft liegt in dieser Zeit noch Schnee oder die Flächen sind vereist. Die in lebenslanger Ehe lebenden Mandschurenkraniche errichten eine Nestplattform inmitten einer schützenden Wasserfläche, oft umgeben von Schilf. Sie legen im Durchschnitt zwei Eier und brüten etwa einen Monat lang. Das Küken, das sofort nach dem Schlupf schwimmen kann, wird etwa drei Monate von beiden Eltern geführt, und gemeinsam ziehen die Kraniche ab September in die Überwinterungsquartiere. Dort treffen sie im Oktober ein. Die in Japan brütenden Mandschurenkraniche gelten dagegen als Standvögel.

Beobachtungsorte

Die weitaus beste Beobachtungsmöglichkeit für Mandschurenkraniche befindet sich auf der japanischen Insel Hokkaido in der Umgebung des Kushiro-Shitsugen-Nationalparks mit seinen Sumpfgebieten, in denen die Kraniche brüten und auch den Winter verbringen. Dort gibt es eigene Infrastruktur, die extra auf die Beobachtung der Mandschurenkraniche ausgerichtet ist.

Gefährdung

Einer der Hauptgründe für den starken Rückgang dieser Kranichart war und ist neben der Lebensraumzerstörung in den Brutgebieten, zum Beispiel durch Trockenlegung von Sumpfgebieten und intensive Schilfmahd, vor allem die Jagd bis zum Beginn des 20. Jahrhunderts. Starke Gefährdungen gehen zusätzlich von der Heumahd und Schilfernte während der Zeiten der Jungenaufzucht aus, ebenso vom Viehaustrieb, der die Kraniche vom ungestörten Brüten abhält.

Mönchskranich

Grus monacha

Größe: 100 – 115 cm
Spannweite: 170 – 180 cm
Gefährdung: gefährdet
Bestand: 14 500 – 16 000 Individuen

Spannendes

- *Mönchskraniche brüten so entlegen und versteckt, dass erst 1974 ein Nest beschrieben wurde.*
- *Weil die Küken der Mönchskraniche – anders als bei anderen Kranicharten – relativ friedlich sind, können oft zwei Jungtiere zusammen aufwachsen.*
- *Mönchskraniche ernähren sich viel stärker vegetarisch als andere Kranicharten.*
- *Mönchskraniche paaren sich gelegentlich mit Graukranichen, wobei fruchtbare Nachkommen entstehen.*

Bild links: Mönchskranich, Bilderklärung siehe Seite 173

Mönchskranich, Hybrid aus Mönchskranich und Graukranich, Graukranich

Aussehen

Mönchskraniche sind relativ kleine, dunkle Kraniche mit einem weißen Hals und einer roten Vorderstirn, die oft schwarz eingerahmt ist. Der Schnabel ist gelblich. Beide Geschlechter sind gleich gefärbt.

Die Männchen scheinen bei dieser Kranichart etwas größer zu sein als die Weibchen. Jungvögel im ersten Winter kann man unter anderem an der verwaschenen Kopfzeichnung sowie am beigefarbenen Hals erkennen.

Lebensraum

Mönchskraniche brüten in den borealen Regionen des zentralen und südöstlichen Sibiriens. Kleine Brutvorkommen gibt es in der östlichen Mongolei sowie in Nordostchina. Der bevorzugte Lebensraum dieser Kranichart sind, soweit bekannt, die ausgedehnten Taigawälder mit eingestreuten Mooren, Seen und Flüssen. Die überwiegende Mehrheit der Mönchskraniche überwintert im japanischen Ort Izumi, vor allem aufgrund der Massenfütterungen. Natürliche Überwinterungsvorkommen gibt es im chinesischen Naturreservat Chongming Dontang bei Shanghai. Kleinere Überwinterungsgebiete finden sich auch in Südkorea. Während des Zuges und im Winter sind weite Flussauen, Flussdeltas sowie landwirtschaftliche Flächen wichtige Lebensräume.

Mönchskranich – Brutgebiete und Wintergebiete mit Zugwegen

Jahresverlauf

Mönchskraniche verlassen ab Februar ihre Winterquartiere und ziehen auf festgelegten Routen zurück in ihre Brutgebiete. Dort kommen sie gegen Ende April an, paaren sich und beginnen mit der Brut, die etwa 30 Tage dauert. Die Partner wechseln sich bei der Brut ab und verteidigen vehement ihr Revier, das sehr groß ist. Häufig werden bei dieser Kranichart zwei Jungvögel groß. Gegen Ende September ziehen die Mönchskraniche zurück in die Überwinterungsgebiete und rasten dabei vor allem in den Feuchtgebieten der Mongolei, Nordostchinas und Südkoreas.

Beobachtungsorte

Der mit Abstand beste Ort, um diese Kranichart zu beobachten, sind die gefluteten Reisfelder und umliegenden Ackerflächen der Stadt Izumi im Süden Japans am Gelben Meer. Dort haben sich speziell auf Kranichbeobachtungen gerichtete Strukturen wie Restaurants und Hotels gebildet, sodass sich im Winter Tausende von Menschen an den zum Teil sehr vertrauten und wenig scheuen Vögeln erfreuen können.

Gefährdung

Auch diese Kranichart leidet vor allem in den Brutgebieten unter illegaler Jagd und während des Zuges sowie in den Überwinterungsgebieten unter Lebensraumzerstörung. Für die Landwirtschaft nutzbare Flächen – und damit mögliche Rastgebiete für die Kraniche – werden im dicht besiedelten asiatischen Raum zunehmend knapper, Staudammprojekte und Entwässerungsmaßnahmen vernichten Feuchtgebiete und der enorme Siedlungsbau schränkt das Vorkommen zusätzlich ein. So gibt es mehrere kleine natürliche Überwinterungsgebiete. Im japanischen Izumi überwintern Tausende Individuen dieser Kranichart, weil der Winterbestand dort durch Fütterungen künstlich hochgehalten wird.

Schwarzhalskranich

Grus nigricollis

Größe: 110 – 130 cm
Spannweite: 220 – 240 cm
Gefährdung: gefährdet
Bestand: 10 000 – 10 200 Individuen

Spannendes

- *Der Schwarzhalskranich ist die einzige Kranichart der Welt, die nur im Hochgebirge brütet – bis zu 5000 Meter hoch!*
- *Als einzige Kranichart der Welt hat er einen schwarzen Schwanz, aber seinen schwarzen, namensgebenden Hals haben mehrere Arten.*
- *Schwarzhalskraniche sind die Nationalvögel der Region Ladakh in Nordindien. Angeblich fühlen sie sich sicherer, wenn sie Menschen in den Trachten sehen, die typisch für ihre Brutgebiete sind, denn sie wissen, dass diese ihnen nicht gefährlich werden.*

Bild links: Schwarzhalskranich, Bilderklärung siehe Seite 173

Aussehen

Schwarzhalskraniche sind mittelgroße Kraniche mit einem überwiegend grauen Gefieder. Wie der Name sagt, ist der Hals schwarz, ebenso die Handschwingen und Armschwingen. Auf der Vorderstirn befindet sich ein kleiner roter Bereich und hinter dem Auge ein weißer Fleck. Der Schwanz ist schwarz, was ihn im Flug auf weite Distanz vom ähnlich erscheinenden Graukranich unterscheidet, der einen grauen Schwanz hat. Männchen und Weibchen lassen sich äußerlich nicht unterscheiden. Die Gefiederzeichnung der Jungvögel ist verwaschener und sie sind zumeist graubraun gefärbt, bis sie im Alter von etwa zwei Jahren von den Altvögeln nicht mehr unterscheidbar sind.

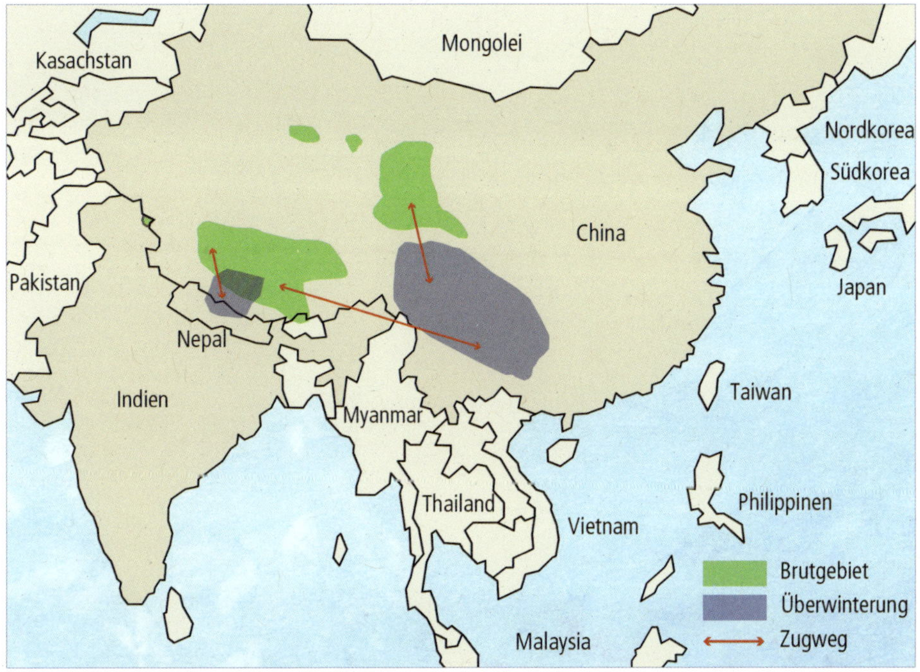

Schwarzhalskranich – Brutgebiete und Wintergebiete mit Zugwegen

Lebensraum

Schwarzhalskraniche brüten auf Hochgebirgswiesen, an den Ufern von Gebirgsflüssen und in Moorbereichen der alpinen Zone. Gelegentlich brüten sie auch in der Nähe menschlicher Ansiedlungen. Während des Zuges findet man sie vor allem auf landwirtschaftlich genutzten Flächen (vor allem auf Getreidefeldern, in geringerem Umfang auch auf Feldern von Stärkeknollen, Kartoffeln, Gemüse) sowie an Flachwasserseen und im Überschwemmungsbereich von Flüssen.

Die Hauptverbreitung des Schwarzhalskranichs während der Brutzeit befindet sich in Tibet sowie in Westchina und Zentralchina, dort vor allem im Nordwesten der Provinz Sichuan. Eine sehr kleine Brutpopulation findet man in der nordindischen Region Ladakh.

Die Vögel überwintern in niedrigeren Lagen in Tibet, Bhutan sowie Zentralchina. Bedeutungsvoll als Überwinterungsplätze sind vor allem die Flusstäler des Lhasa sowie des Yarlung Tsangpo, ebenso der Hutoushan-Stausee im Tal des Pengbo.

Jahresverlauf

Schwarzhalskraniche verlassen ihre Überwinterungsgebiete Ende März und benötigen etwa eine Woche, um zu ihren Brutgebieten zu fliegen. Im Brutgebiet findet die Paarung statt und die Kraniche beginnen im Mai mit der Brut. Oft ist das Nest wenig versteckt inmitten einer schützenden Wasserfläche angelegt. Das Paar verteidigt sein Revier wie alle Kranicharten gegen Eindringlinge. Das Gelege besteht zumeist aus zwei Eiern und wird etwa 31 Tage bebrütet, doch wird meistens nur ein Jungvogel großgezogen. Ab Oktober verlassen die Kraniche ihre Reviere wieder und ziehen in die 200 bis 700 Kilometer entfernten Überwinterungsgebiete der niedriger gelegenen Ebenen und Flusstäler.

Beobachtungsorte

Während des Winters lassen sich Schwarzhalskraniche gut beobachten am See Cao Hai in Südwestchina, im Dashanbo National Nature Reserve im Nordosten Yunnans sowie am Hutoushan-Staudamm in Tibet.

Gefährdung

Der Glauben des Buddhismus an die Wiedergeburt in den Regionen, in denen die Kraniche brüten, führt dazu, dass die Tiere in diesen Regionen weitestgehend geschützt sind und die Kraniche oft in Menschennähe brüten: Tötet man einen Kranich oder stört ihn, so tötet oder stört man die Seele eines gestorbenen Menschen, der als Kranich wiedergeboren wurde. Die nennenswerten Gefährdungsursachen in den Brutgebieten sind streunende Hunde, die Jungvögel erbeuten, oder aber Torfabbau in für diese Kraniche relevanten Habitaten. Entwässerungen und Dammbau führen sowohl dort als auch in den Überwinterungsgebieten zu einem erheblichen Verlust von Lebensräumen. Während des Zuges und in den Überwinterungsgebieten leiden die Kraniche vor allem unter der Veränderung der Landwirtschaft: Konnten sie im Herbst und Winter vormals noch von den liegen gebliebenen Resten der Getreideernte leben, so werden heutzutage viele Äcker unmittelbar nach der Ernte wieder neu bestellt und sind so deutlich ärmer an verfügbaren Feldfrüchten. Dazu kommt, dass in vielen Überwinterungsgebieten Treibhäuser die ursprünglichen Ackerflächen ablösen. Zusätzlich werden an vielen Flussufern vermehrt Bäume zur Holzgewinnung gepflanzt, wo diese ursprünglich nicht wuchsen. Als sehr wachsame Tiere meiden die Kraniche solche Lebensräume, da sich dort potentielle Feinde verstecken können.

Weißnackenkranich

Antigone vipio

Größe: 120 – 140 cm
Spannweite: 230 – 250 cm
Gefährdung: gefährdet
Bestand: 5700 – 6700 Individuen

Spannendes

- *Weißnackenkraniche sind ein Friedenssymbol der koreanischen Halbinsel.*
- *Die gerade geschlüpften Jungvögel sind die nuancenreichsten Dunenjungen aller Kranicharten. Das Dunenkleid ist das erste Federkleid.*

Bild links: Weißnackenkranich, Bilderklärung siehe Seite 173

Aussehen

Ausgewachsene Weißnackenkraniche besitzen ein anthrazitfarbenes bis silbergraues Gefieder, das besonders hell im Bereich der verlängerten Armschwingen ist. Vom dunkelgrauen Bauch und Hals zieht sich ein schmaler grauer Streifen bis kurz unterhalb der Wangengegend. Nacken, Hinterhals sowie Vorderhals sind weiß. Das rötliche Gesicht ist durch graue Federn eingerahmt. Die Beine sind auffallend pinkfarben, das Auge rötlich bis orange. Die Jungvögel sind insgesamt bräunlicher gefärbt.

Lebensraum

Weißnackenkraniche brüten im Osten der Mongolei, im nordöstlichen China sowie im Südosten Sibiriens. Sie rasten und überwintern in der entmilitarisierten Zone zwischen Nordkorea und Südkorea sowie in China zum Beispiel am Poyang-See und überwintern im Einzugsbereich des Jangtsekiangdeltas sowie in Japan in der Umgebung der Stadt Izumi auf der südlichen Insel Kyushu. Dort halten sie sich zumeist vergesellschaftet mit Mönchskranichen auf. Während der Brutzeit bevorzugen Weißnackenkraniche ungestörte, weiträumige Feuchtgebiete wie Steppenseen, niedrig bewachsene Ufer von Flussläufen und überschwemmtes Grasland. Sie brüten auch in Mooren und akzeptieren dabei das Vorhandensein kleinerer Baumbestände. Während des Zuges findet man sie auch auf landwirtschaftlichen Flächen, vor allem auf überschwemmten Reisfeldern.

Jahresverlauf

Weißnackenkraniche leben weitestgehend in lebenslanger Partnerschaft und sind wie nahezu alle Kraniche im Alter von etwa vier Jahren geschlechtsreif. Ihre Brutgebiete erreichen sie Mitte bis Ende April. Nicht selten sind in dieser Zeit ihre Lebensräume

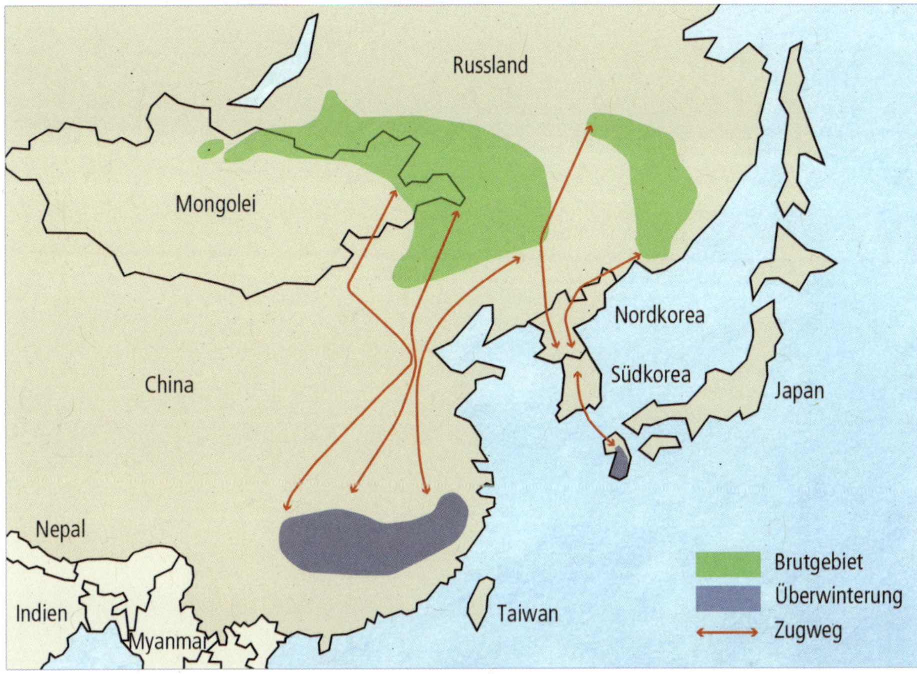

Weißnackenkranich – Brutgebiete und Wintergebiete mit Zugwegen

noch vereist. Sobald es die Bedingungen erlauben, legen sie in ein mit Pflanzenteilen aufgeschichtetes Nest, das mehrere Jahre hinweg genutzt werden kann, meist zwei Eier und bebrüten dieses Gelege etwa einen Monat lang. Das Junge (oder die Jungen) wird wenige Monate im Brutgebiet geführt, dann zieht es mit in die Überwinterungsgebiete. Weißnackenkraniche nutzen dabei zum einen eine westliche Zugroute, die sie aus der Mongolei und Nordostchina bis in den Süden des Landes führt. Die östliche Zugroute verläuft aus Südostsibirien über Teile Chinas und Koreas bis in den Süden Japans. Ab März verlassen die Kraniche diese beiden Überwinterungsgebiete und ziehen zurück in ihre Brutgebiete, wobei sie oft traditionelle Rasthabitate aufsuchen.

Beobachtungsorte

Der chinesische Poyang-See, vor allem aber das Überwinterungsquartier im japanischen Izumi sind die geeignetsten Orte, um Weißnackenkraniche zu beobachten.

Gefährdung

Auch bei dieser Kranichart steht die Zerstörung des Lebensraumes, vor allem von Feuchtgebieten, die während der Brut und Rast genutzt werden, an erster Stelle der Gefährdung, was insofern fatal ist, als dass diese – wie andere Kranicharten – traditionell genutzte Areale immer wieder aufsuchen. Die dadurch bei Schutzmaßnahmen notwendige Fokussierung auf wenige Gebiete birgt die Gefahr, dass bei lokalen Krankheitsausbrüchen erhebliche Bestände dieser Kranichart betroffen sein könnten. Diese Gefahr besteht insbesondere im japanischen Izumi, wo ein Großteil der östlichen Weißnackenkraniche überwintert. Zusätzliche Gefahrenquellen sind Wilderei, Stromleitungen und Vergiftungen.

Klunkerkranich

Bugeranus carunculatus / Grus carunculatus

Größe: 150 – 170 cm
Spannweite: 240 – 255 cm
Gefährdung: gefährdet
Bestand: 7000 – 8000 Individuen

Spannendes

- *Klunkerkraniche sind die größten flugfähigen afrikanischen Vögel.*
- *Mit den namensgebenden Kehllappen können sie Stimmungen ausdrücken.*
- *Diese Kranichart hat im Vergleich zu allen anderen Kranicharten die im Durchschnitt geringste Gelegegröße und legt oft nur ein Ei.*
- *Klunkerkraniche haben mit etwa fünf Wochen die längste Brutzeit aller Kranicharten.*
- *Bei dieser Kranichart findet eine Paarbindung im Vergleich zu allen anderen Kranicharten durchschnittlich am spätesten statt – erst im Alter von sechs bis sieben Jahren.*
- *Der Klunkerkranich ist nach dem Saruskranich die zweitgrößte Kranichart der Welt.*
- *Klunkerkraniche führen ihr Junges oft 15 Monate lang – dadurch brüten viele von ihnen nur alle zwei Jahre.*

Bild links: Klunkerkranich, Bilderklärung siehe Seite 173

Aussehen

Klunkerkraniche besitzen ein hellanthrazitfarbenes Gefieder, das im Bereich der überaus langen, fast bis auf den Boden reichenden Schmuckfedern und am Vorderrücken am dunkelsten ist. Der Bauch ist fast schwarz, während der Hals weiß ist. Zwischen der dunkelgrauen Kopfplatte und dem langen, rötlich braunen Schnabel befindet sich ein roter, knubbeliger Bereich, der sich bis in die auffälligen Kehllappen (die »Klunkern«) nach unten fortsetzt. Letztere sind im hinteren Bereich durch weiße Federn begrenzt.

Lebensraum

Klunkerkraniche bevorzugen in ihren afrikanischen Lebensräumen, die sich vor allem in Botswana (im Okavangodelta), Sambia, Simbabwe, Mosambik, Südafrika und Äthiopien befinden, ungestörte und mit Schilf, Seggen oder Papyrus bewachsene Feuchtgebiete, in denen sie brüten und auf Nahrungssuche gehen. Kleinere Vorkommen sind kürzlich in Uganda und Angola entdeckt worden. In ihren Lebensräumen, in denen sie sich vorzugsweise von den unter Wasser liegenden Trieben verschiedener Binsen- und

Simsenarten ernähren, sind sie häufig mit Sporengänsen und Litschi-Moorantilopen vergesellschaftet. Der Klunkerkranich ist relativ stark spezialisiert auf Feuchtgebiete, wenngleich sich außerhalb der Brutzeit kleinere Schwärme von durchschnittlich zehn bis zwanzig Individuen auch auf landwirtschaftlich genutzten Flächen versammeln.

Jahresverlauf

Der Brutbeginn der Kraniche hängt ab von dem Breitengrad der Region, in der sie brüten: Während das Brüten im Norden, also in Äthiopien, etwa von April bis Juli dauert, kann eine Brut in den zentralen oder südlichen Bereichen des afrikanischen Kontinentes das ganze Jahr über stattfinden. In erster Linie ist die Brutzeit abhängig von dem Vorhandensein geeigneter Feuchtlebensräume, was eng mit der Regenzeit verzahnt ist. Während der Brutzeit sind die Paare sehr territorial und verteidigen Reviere, die mehrere Quadratkilometer groß sein können. Die sich oft sehr spät bildenden Paare bleiben häufig ein Leben lang zusammen. Das Nest wird inmitten einer schützenden Wasserfläche angelegt und durchschnittlich ein Ei (selten bis zwei Eier) gelegt. Sobald aus einem Zweiergelege das erste Junge schlüpft, verlassen die Kraniche die Nestumgebung und beginnen mit dem Führen – selbst dann, wenn das zweite Junge kurz

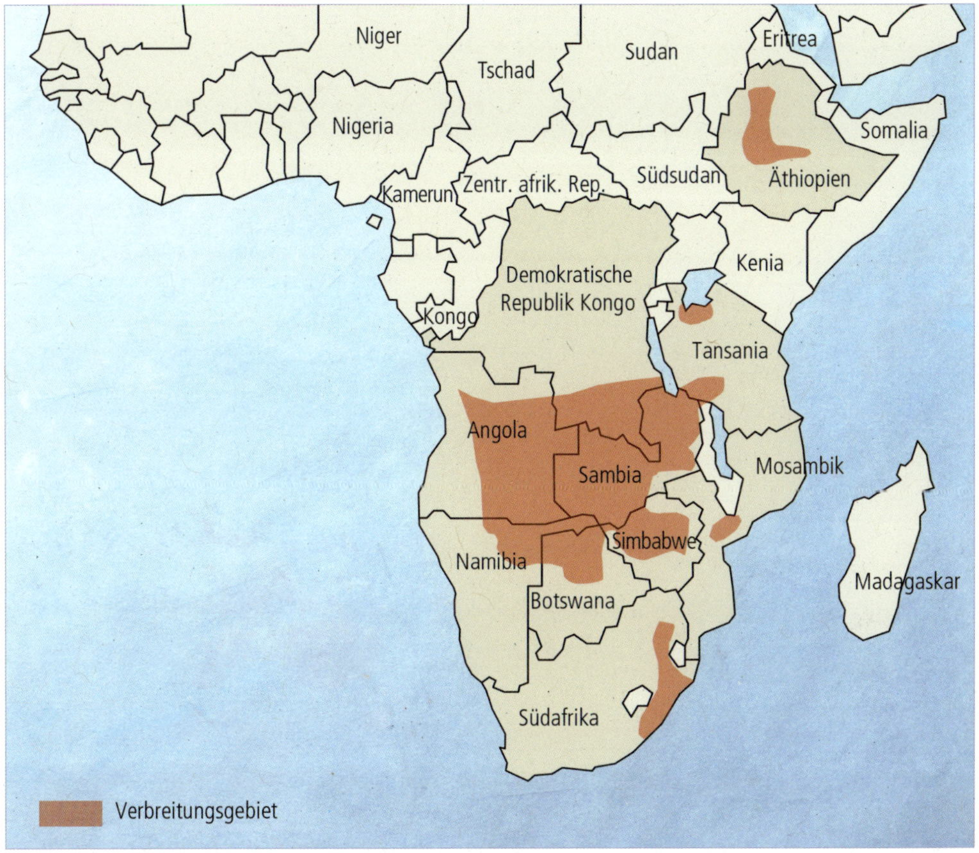

Klunkerkranich – Verbreitung in Afrika

vor dem Schlüpfen ist. Das Führen der Jungen dauert teilweise bis zu 15 Monate, sodass Klunkerkraniche nur alle zwei Jahre zur Brut schreiten. Klunkerkraniche sind nach der Brutzeit nicht wie viele andere Kranicharten ausgeprägte Zugvögel, sondern wandern opportunistisch in die Regionen, in denen sich in der Regenzeit geeignete Feuchtgebiete bilden. Sie meiden jedoch auch Ackerflächen nicht. Lediglich die im Hochland und bis zu 2000 Meter hoch brütenden Individuen weichen regelmäßig in tiefere Lagen aus.

Beobachtungsorte

Das Okavangodelta in Botswana ist einer der besten Plätze der Erde, um noch auf Klunkerkraniche zu treffen.

Gefährdung

Da Klunkerkraniche auf ungestörte Feuchtgebiete spezialisiert sind, besteht für sie in der Zerstörung dieser Lebensräume die allergrößte Gefahr. So ist der Bestand dieses großen Vogels in weiten Bereichen Afrikas innerhalb kurzer Zeit extrem stark zurückgegangen, und vor allem im südlichen Afrika ist er angewiesen auf das Wohlwollen der Großgrundbesitzer, deren Besitz noch die entsprechenden Lebensräume aufweisen kann. Verheerend können sich Vergiftungsaktionen der Landwirte auswirken, auf deren Flächen die Kraniche rasten.

Saruskranich

Antigone antigone

Größe: 160 – 180 cm
Spannweite: 240 – 250 cm
Gefährdung: gefährdet
Bestand aller Unterarten: 10 000 – 15 000 Individuen

Spannendes

- *Der Saruskranich ist die größte Kranichart der Welt – aber nicht nur das: Er ist der größte flugfähige Vogel der Welt überhaupt!*
- *Der Name entstammt dem Wort »sarasa« aus der altindischen Sprache Sanskrit und bedeutet »vom See«.*
- *Saruskraniche gelten als die am wenigsten sozialen Kraniche.*
- *Saruskraniche können 50 bis 60 Jahre alt werden!*

Bild links: Saruskranich, Bilderklärung siehe Seite 173

Aussehen

Saruskraniche sind bei zusammengeklappten Flügeln fast einheitlich graue Vögel mit weißlichen, verlängerten Armschwingen am Hinterende des Körpers. Sie besitzen rote Beine und Zehen sowie einen roten Oberhals und einen roten Kopf. Die Kopfplatte ist deutlich hell, ebenso ein kleiner Fleck im Bereich der Wangen. Der Schnabel ist hellgrau bis hellockerfarben. Die nur im Flug sichtbaren Handschwingen sind dunkler. Die Jungvögel sind insgesamt bräunlicher gefärbt und auch die Kopfzeichnung hebt sich nicht durch Rot-, sondern durch Ockertöne vom Unterhals ab.

Lebensraum

Die Saruskraniche besiedeln Feuchtgebiete, wie Sümpfe, Teiche, überschwemmte Flussufer und

Feuchtwiesen, sind aber aufgrund des zunehmenden Drucks durch die Landwirtschaft immer stärker dazu gezwungen, in menschengemachten Arealen zu brüten, so zum Beispiel in Kanälen, an sehr kleinen Teichen oder auf Reisfeldern. Außerhalb der Brutzeit findet man sie auf landwirtschaftlichen Flächen, allerdings nie in so großen Schwärmen wie andere Kranicharten. Es ist nicht ungewöhnlich, dass diese Kranichart auch in der Nähe der Menschen brütet – dort ist der Bruterfolg durch die häufigen Störungen allerdings bei Weitem nicht so groß wie der entlegener brütender Paare.

Saruskraniche leben im nördlichen Indien, in Südostasien und im nördlichen Australien. Es werden drei Unterarten unterschieden:

Indischer Saruskranich

Antigone antigone antigone

- Bestand: 8000 – 10 000 Individuen
- Diese Unterart lebt im nördlichen und zentralen Indien, in Pakistan und Nepal.

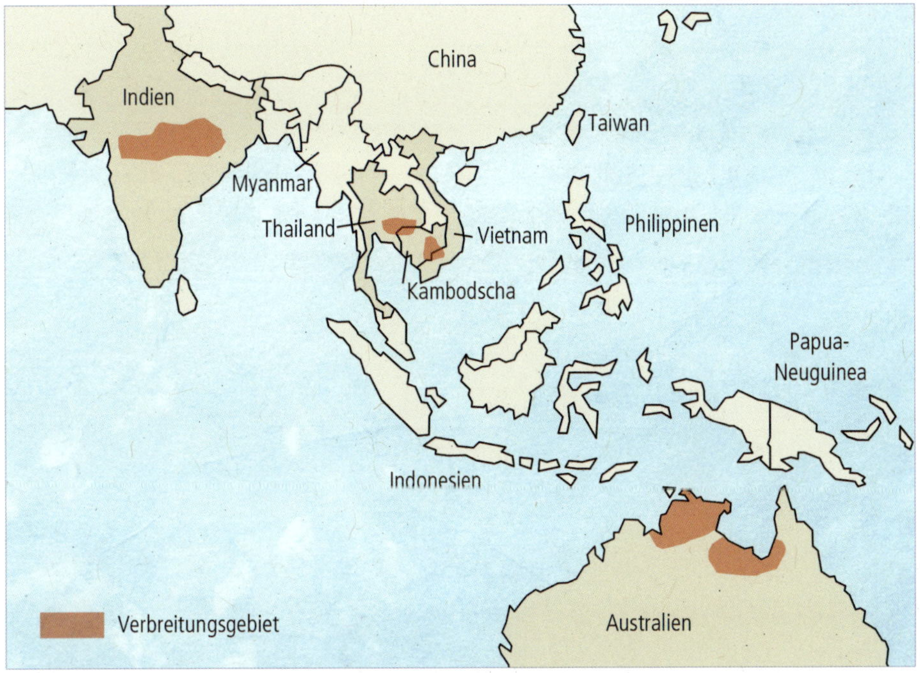

Saruskranich – Verbreitung der drei Unterarten

Östlicher Saruskranich

Antigone antigone sharpii

- Bestand: etwa 1000 Individuen
- Vertreter dieser Art waren ursprünglich beheimatet in Südostasien, kommen aber nur noch in Vietnam und Kambodscha vor, mit einem sehr kleinen Bestand in Myanmar.

Australischer Saruskranich

Antigone antigone gilli

- Bestand: etwa 5000 Individuen
- Die Verbreitung beschränkt sich auf den Norden Australiens.

Jahresverlauf

Die Kraniche brüten während der Regenzeit in den genannten Verbreitungsregionen und streifen in der Trockenzeit in Familienverbänden oder kleinen Trupps auf der Suche nach geeigneten nahrungsreichen und ungestörten Lebensräumen umher.

Bei dieser Kranichart gibt es also nicht den bekannten, typischen Kranichzug mit eindrucksvollen Formationen. Außerbrutzeitliche Trupps bestehen aus maximal 300 Individuen. In den Brutgebieten sind die Kranichpaare sehr territorial und verteidigen große Reviere gegen Eindringlinge. Wenngleich es Ausnahmen gibt, leben Saruskraniche in lebenslanger Ehe, die durch auffällige Tanzrituale gefestigt wird. Saruskraniche brüten das erste Mal mit etwa vier Jahren. Beide Partner bebrüten das aus zwei bis drei Eiern bestehende Gelege für etwa einen Monat. Danach bleibt die Familie noch etwa acht Monate zusammen.

Beobachtungsorte

Saruskraniche lassen sich gut beobachten im Nationalpark Keoladeo Ghana Bird Sanctuary in Rajasthan.

Gefährdung

Wie für alle Kranicharten geht auch für Saruskraniche die Hauptgefährdung von der Vernichtung von Feuchtlebensräumen aus, gleichzeitig aber auch von einem hohen Einsatz von Umweltgiften und Überdüngung. In manchen Regionen Indiens hat die Verfolgung durch Landwirte, die in den großen Vögeln eine Konkurrenz sehen, zu einem regionalen Aussterben geführt. Eine ganz erhebliche Gefährdung besteht auch in dem Sammeln der Eier durch die Bevölkerung für die eigene Ernährung. Zusätzlich kollidieren die Kraniche mit Stromleitungen.

Nach aktuellen Schätzungen ist der Bestand der Saruskraniche in Asien innerhalb von 170 Jahren um etwa 95 Prozent zurückgegangen.

Brolga

Antigone rubicunda

alter Name: Australischer Kranich
Größe: 140 cm – 160 cm
Spannweite: 200 – 230 cm
Gefährdung: nicht gefährdet
Bestand: 50 000 – 70 000 Individuen

Spannendes

- *Der Brolga besitzt als einzige Kranichart eine Salzdrüse in der Nähe des Auges, über die mit der Nahrung aufgenommenes Salz wieder ausgeschieden wird – wie bei vielen Hochseevögeln, zum Beispiel Albatrossen! Das ist wichtig, weil dieser Kranich oft an Gewässern mit einem recht hohen Salzgehalt, zum Beispiel an Lagunen in Küstennähe, lebt.*
- *Der Name »Brolga« könnte von dem Wort »burralga« der australischen Ureinwohner abstammen und bedeutet so viel wie »Begleiter«.*
- *Einer australischen Sage nach wurde die Tänzerin Buralga von einem Zauberer, den sie als Gemahl verschmähte, in einen Kranich verwandelt – und als solcher tanzt sie noch immer.*
- *Der Artname »rubicunda« bedeutet »rot glühend« – ein Hinweis auf die Kopffärbung.*
- *Ein Brolga ist im Wappen des australischen Bundesstaates Queensland einer der beiden Schildhalter.*

Bild links: Brolga, Bilderklärung siehe Seite 173

Aussehen

Brolgas sind große und vornehmlich graue Kraniche mit unbefiederten roten Partien am Kopf. Lediglich die Kopfplatte und ein kleiner Bereich auf den Wangen sind grau gefärbt. Unter der Kehle befindet sich ein mehr oder weniger gut sichtbarer mal schwarz, dann wieder rötlich wirkender Kehlsack. Vom ähnlichen Saruskranich, der auch in Australien vorkommt, unterscheidet sich der Brolga durch die fehlende rote Halsfärbung sowie die grauen statt roten Beine. Die Beine der sehr jungen Brolgas allerdings können auch rot wirken.

Lebensraum

Brolgas leben im Norden und Osten Australiens sowie im äußersten Süden der Insel Neuguinea. Einen Austausch zwischen den Populationen dieser unterschiedlichen Regionen scheint es nicht zu geben. Diese Kranichart bevorzugt Sumpfgebiete, Flachwasserseen, Lagunen und überschwemmte Wiesen als Brutorte, findet sich aber außerhalb der Brutzeit auch auf landwirtschaftlichen Flächen ein.

Jahresverlauf

Brolgas sind weitestgehend Standvögel, deren Wanderungen in erster Linie von den Regenfällen abhängig sind. So wandern sie vor allem in der

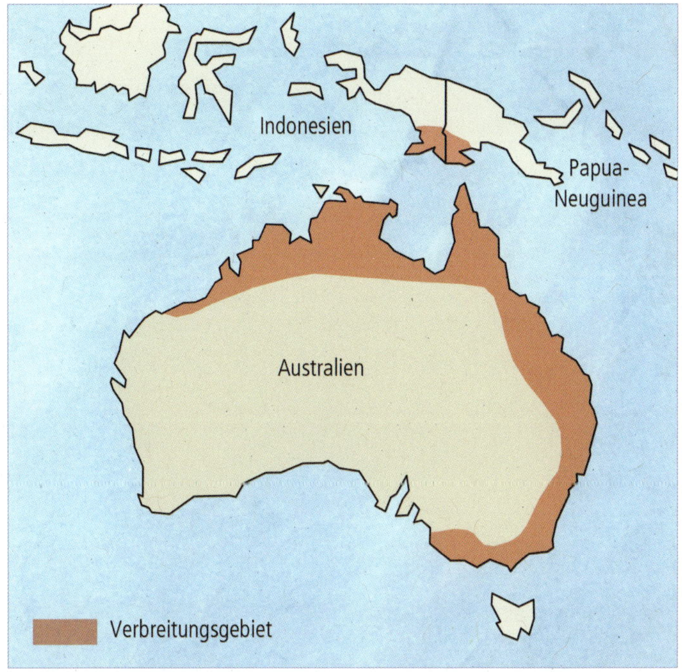

Brolga – Verbreitung in Australien

Trockenzeit umher und bilden dann Schwärme von bis zu 1000 Vögeln, die sich auf landwirtschaftlichen Flächen oder in großen Feuchtgebieten einfinden. Während der Regenzeit entstehen aufgrund hoher Wasserstände geeignete, überstaute Brutplätze und die Vögel bilden Reviere, die sie vehement gegen Eindringlinge verteidigen. Die Brutzeit beträgt etwa einen Monat und die Familie bleibt etwa acht Monate zusammen. Die Lieblingsnahrung der Brolgas sind die Knollen der Wasserkastanie, aber wie alle Kranicharten sind auch Vertreter dieser Art Allesfresser. Die Paare bleiben in den meisten Fällen ein Leben lang zusammen und wie alle Kranicharten binden sie ihre Partnerschaft durch auffällige Tänze.

Beobachtungsorte

Am einfachsten lassen sich Brolgas auf der im nördlichen Australien im Bundesstaat Queensland gelegenen Cap-York-Halbinsel beobachten oder aber im Kakadu-Nationalpark im Bundesstaat Northern Territory.

Gefährdung

Vor allem die nördlichen Populationen sind noch nicht gefährdet, während insbesondere die Zahl der im Süden Australiens lebenden Vögel mit etwa 1000 Individuen sehr gering ist. Bestandsschätzungen sind bei dieser Art schwierig, weil es nicht die leicht zu zählenden ziehenden Schwärme gibt, die sich an wenigen Orten konzentrieren. Die Gefährdungen liegen in der Zerstörung der Feuchtgebiete, der intensiven Beweidung vieler Flächen, der Verbuschung geeigneter Lebensräume und teilweise in der Vergiftung durch Landwirte, die in den Kranichen eine Bedrohung für die Ernte sehen. Ein gewichtiger Grund für den Rückgang scheint weiterhin die Bedrohung durch eingeschleppte Füchse und Dingos zu sein.

Schwarzer Kronenkranich

Balearica pavonina

Größe: 90 – 100 cm
Spannweite: 190 – 200 cm
Gefährdung: gefährdet
Bestand beider Unterarten: 43 000 – 70 000 Individuen

Spannendes

- *Mit bis zu vier Eiern im Gelege haben beide Arten der Kronenkraniche im Durchschnitt die größten Gelege aller Kranicharten der Welt.*
- *Die Fossilien von Vorfahren der Kronenkraniche sind die ältesten Kranichnachweise überhaupt – seit etwa 60 Millionen Jahren gibt es sie!*
- *Bei kenianischen Priestern galten diese Vögel als heilig, weil sie angeblich die Viehbestände vor der Pest schützten und Wasserflächen bewachten.*
- *Um an Nahrung zu gelangen, stampfen die Vögel mit den starken Füßen auf den Boden. Dadurch werden Insekten aufgeschreckt und die Kronenkraniche müssen sie nur noch fangen.*
- *Beide Arten der Kronenkraniche brüten selten sogar in alten Nestern von Adlern oder Geiern. Das macht keine andere Kranichart.*

Bild links: Schwarzer Kronenkranich, Bilderklärung siehe Seite 173

Aussehen

Der Schwarze Kronenkranich ähnelt sehr dem Grauen Kronenkranich (siehe ab Seite 136) – bis auf einige wenige Details, die doch ins Auge fallen: Das Gefieder des Schwarzen Kronenkranichs ist, wie der Name sagt, insgesamt deutlich dunkler anthrazitfarben. Die Kehllappen sind viel kleiner. Ein weiterer Unterschied bei den Altvögeln(!) ist die Rotfärbung der Wangen, die sich deutlich sichtbarer vor allem in der unteren Hälfte der Wangen befindet. Unter anderem anhand der Wangenfärbung lassen sich die beiden Unterarten des Schwarzen Kronenkranichs unterscheiden.

Westlicher Schwarzer Kronenkranich

Balearica pavonina pavonina

Diese Unterart lebt in verschiedenen west- und zentralafrikanischen Ländern zwischen dem Senegal und Kenia. Innerhalb der letzten 50 Jahre ist der Bestand dieser Vögel von schätzungsweise 100 000 Individuen auf etwa 10 000 zurückgegangen. Die Rotfärbung auf den Wangen bei den Altvögeln dieser Unterart beschränkt sich auf den unteren Bereich der ansonsten weißen Wangen.

Östlicher Schwarzer Kronenkranich

Balearica pavonina ceciliae

Die Rotfärbung der Wangen reicht bei dieser Unterart deutlich weiter nach oben als bei der vorgenannten. Ihr Vorkommen befindet sich von Kenia nordostwärts über den Sudan und Südsudan bis nach Äthiopien. Die Bestandszahlen liegen bei schätzungsweise 40 000 Exemplaren.

Schwarzer Kronenkranich – Verbreitung im mittleren und südlichen Afrika

Lebensraum

Die Lebensraumansprüche ähneln denen der Grauen Kronenkraniche: Während der Brutzeit halten sich die Vögel in Offenlandschaften nahe Feuchtgebieten mit schützender Hochstaudenvegetation auf. Einzelne Bäume in der Umgebung dienen als Schlafplatz. Zur Nahrungssuche findet man Kronenkraniche in nahrungsreicher Savannenlandschaft und auf landwirtschaftlich genutzten Flächen, am liebsten in der Nähe von Feuchtgebieten. Diese Vogelart findet man häufiger in der Nähe von Wildtierherden, da in deren Nähe die Insektenverfügbarkeit besonders hoch ist.

Jahresverlauf

Die Brutzeit dieser Kranichart liegt in der Regenzeit zwischen Juli und Oktober. Die Paare, die oft ein Leben lang zusammen bleiben, bauen gemeinsam ein Nest inmitten einer schützenden Wasserfläche und beide Partner wechseln sich innerhalb der etwa einmonatigen Brutzeit mit dem Brüten ab. Das Gelege besteht aus drei bis vier Eiern. Nach dem Schlüpfen bleibt die Familie noch einige Monate zusammen und findet sich mit anderen Kranichfamilien zusammen, sodass gelegentlich Trupps von etwa 100 Vögeln zusammenkommen können.

Beobachtungsorte

Westliche Schwarze Kronenkraniche lassen sich unter anderem im Djoudj-Nationalpark im Senegal beobachten, die Östlichen Schwarzen Kronenkraniche zum Beispiel im Dinder-Nationalpark im Sudan. Die großen, spektakulären Schwärme wie die der europäischen Graukraniche oder der nordamerikanischen Kanadakraniche gibt es dort nicht. Und damit auch nicht den einen oder anderen herausragenden Beobachtungsort.

Gefährdung

Vor allem die Austrocknung der Gewässer oder deren Versalzung führt zu einem Verschwinden der Lebensräume. Gleichzeitig nimmt die landwirtschaftliche Nutzung oder Versteppung in den für die Kraniche geeigneten Bereichen rapide zu. In Verbindung mit Jagd, mit dem Lebendfang der schönen Tiere (sie werden in Afrika gerne als »Ziervögel« gehalten!) und auch mit gezielter Vergiftung durch Farmer ist diese Art in vielerlei Hinsicht extrem stark gefährdet – aufgrund der vielfältigen Gefährdungsursachen stärker als andere Kranicharten.

Grauer Kronenkranich

Balearica regulorum

Größe: 100 – 120 cm
Spannweite: 190 – 200 cm
Gefährdung: stark gefährdet
Bestand beider Unterarten: 26 500 – 33 500 Individuen

Spannendes

- *Kronenkraniche besitzen die längste Hinterzehe aller Kranicharten, wodurch sie besser als alle anderen Arten dazu in der Lage sind, Äste zu umgreifen und auf Bäumen zu stehen.*
- *Graue und Schwarze Kronenkraniche sind die einzigen beiden Kranicharten, die auf Bäumen und nicht in Gewässern schlafen.*
- *Die Partner eines Kronenkranichpaares putzen sich gelegentlich gegenseitig das Gefieder.*
- *Der Graue Kronenkranich ist der Nationalvogel von Uganda. Sogar die Landesflagge zeigt ihn.*
- *Elf Arten von Kronenkranichen lebten vor Millionen Jahren auch in (dem damals viel wärmeren) Europa und Nordamerika. Als es durch Klimaveränderungen dort zu kalt wurde, starben sie dort aus.*

Bild links: Grauer Kronenkranich, Bilderklärung siehe Seite 173

Aussehen

Vom Grauen Kronenkranich existieren zwei Unterarten, die sich geringfügig hinsichtlich der Wangenfärbung unterscheiden.

Südlicher Grauer Kronenkranich

Balearica regulorum regulorum

Diese Unterart brütet in erster Linie in Südafrika und Simbabwe. Der stark gesunkene Bestand liegt zwischen 8000 und 12 000 Individuen. Vor etwa 40 Jahren gab es von dieser Unterart noch etwa 60 000 Tiere!

Östlicher Grauer Kronenkranich

Balearica regulorum gibbericeps

Diese Unterart lebt vor allem in Sambia, Malawi, Kenia, im Kongo und in Uganda mit einem Bestand von schätzungsweise 18 000 Vögeln. Der Wangenfleck ist rötlicher als jener der Südlichen Grauen Kronenkraniche.

Kronenkraniche (sowohl Grauer Kronenkranich als auch Schwarzer Kronenkranich, siehe dieser ab Seite 129) sind an Hals, Bauch und Rücken grau, wobei die Halsfedern ebenso wie die Rückenfedern auffällig langgestreckt sind. Ein großes weißes Flügelfeld wird vom Deckgefieder des Flügels gebildet.

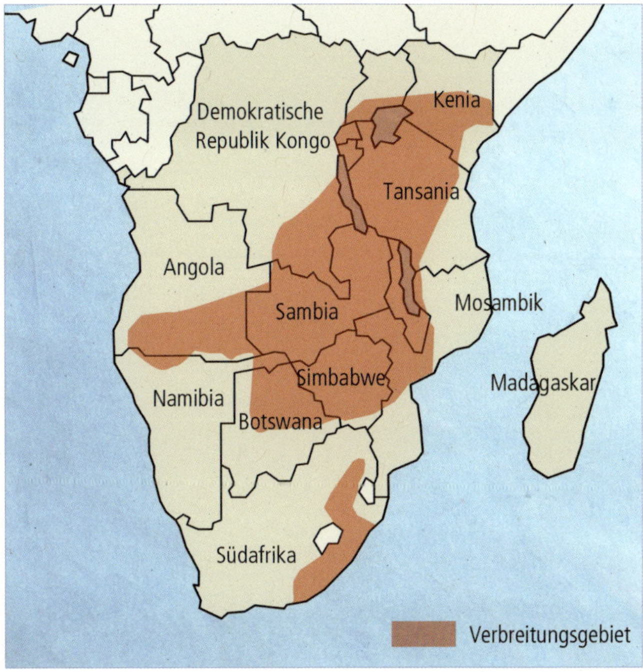

Grauer Kronenkranich – Verbreitung im südlichen Afrika

Die bei anderen Kranicharten so auffälligen verlängerten Armschwingen sind bei den Kronenkranichen rötlich braun und nicht elegant geschwungen, sondern recht breit und gerade abgeschnitten. Am auffälligsten bei diesen Kranicharten ist die Kopfzeichnung. Die weißen Wangen sind nach oben durch eine samtschwarze Stirn und Kopfplatte abgegrenzt. Am Hinterkopf zwischen diesen unterschiedlich gefärbten Bereichen befindet sich ein roter Fleck. Rot ist ebenfalls ein auffälliger Kehllappen am Kinn. Besonders schön sind die namensgebenden, auffälligen, goldgelben, steif nach oben gerichteten Kopffedern. Die Jungvögel sind deutlich bräunlicher gefärbt, vor allem im Kopfbereich.

Lebensraum

Graue Kronenkraniche leben in Steppengebieten mit einzelnen Bäumen und Nähe zu Wasserflächen wie Seen, Sümpfen und Teichen. Ihre Nahrung suchen sie in der offenen Savanne und der Grassteppe, und ihr kurzer Schnabel deutet an, dass sie hinsichtlich der Nahrungssuche vor allem an solch trockene Lebensräume angepasst sind. Kronenkraniche werden auch auf landwirtschaftlichen Flächen angetroffen. Wichtig für ihren Lebensraum ist das Vorhandensein von Bäumen, auf denen sie schlafen oder sich ausruhen – ganz anders als die anderen Kranicharten. In Südafrika sind die sogenannten Vleis, periodisch überflutete Senken, wichtige Lebensräume.

Jahresverlauf

Graue Kronenkraniche können das ganze Jahr über brüten, sofern die klimatischen Bedingungen und Anforderungen an den Lebensraum erfüllt sind. Das ganzjährige Brüten ist vor allem in Ostafrika der Fall. In Südafrika brüten sie vornehmlich in der nassen Jahreszeit zwischen Oktober und April. Das zumeist ein Leben lang verbundene Paar brütet auf von Wasser umgebenen Flächen, hauptsächlich umstanden von höherer Vegetation für einen bestmöglichen Schutz vor Feinden. Es kommen aber auch Bruten auf Bäumen in verlassenen Nestern von Geiern oder Adlern vor. Nach einer Brutzeit von etwa einem Monat schlüpfen die Jungvögel, die zunächst in dem sumpfigen Areal geführt werden. Im Alter von drei bis vier Monaten sind die Jungtiere flugfähig. Allerdings bleibt die Familie noch mehrere Monate zusammen.

Wie alle anderen Kranicharten tanzen auch die Kronenkraniche in erster Linie, um die Paarbindung zu ermöglichen und zu festigen.

Außerhalb der Brutzeit finden sich Kronenkraniche zu kleinen Trupps von bis zu 150 Tieren zusammen, die in der Savanne nach Nahrung suchen und in Gruppen auf Bäumen übernachten.

Beobachtungsorte

Am einfachsten lassen sich Graue Kronenkraniche am See Ol' Bolossat in Kenia beobachten. Dort lebt eine der weltweit größten Populationen dieser Art.

Gefährdung

Die Gefährdung dieser Vogelart ist sehr vielfältig: Am einschneidensten ist die Vernichtung der Feuchtgebiete und der nahrungsreichen Savannenlandschaften, die mit der Zunahme landwirtschaftlich genutzter Fläche und dem Bevölkerungswachstum einhergeht. Häufig werden diese Kraniche als Nahrungskonkurrenten betrachtet und auf Feldern nahrungssuchende Vögel gezielt von Farmern vergiftet. Aufgrund ihrer Schönheit werden sie trotz des internationalen Handelsverbotes immer noch gefangen und verkauft, die Jungvögel dazu eingefangen. Gelege werden ausgeraubt, um die Eier zu essen. Mittlerweile bestehen vor allem in Kenia Schutzbemühungen, indem die Kranichzahlen erfasst und die Vögel besendert werden, um mehr über ihre Aufenthaltsorte zu erfahren. Schutzgebiete werden zusätzlich eingerichtet.

Ein Jahr im Leben der Kraniche

2. Januar

Drei markante, skurril gewachsene Weißdornbüsche überblicken diese Niederung am Rande eines aufgegebenen Fischteiches. Ein Raufußbussard hat sich diese Büsche als Beobachtungsposten ausgesucht. Er ist der einzige Vogel an diesem Januartag in einem Reich, in dem Schilf, Seggenwiesen und Rohrkolbenbestände seit Jahren die Heimat eines Graukranichpaares sind, von dem dieser Jahreslauf erzählt.

14. Januar

Das Schilf, die Seggen, die Rohrkolben und Simsen sind niedergedrückt, stehen unter Wasser, und nur ein schmaler Schilfgürtel am Hintergrund sowie wenige Zaunpfähle formen vertikale Strukturen. Im Hintergrund erstreckt sich ein brauner, geordnet strukturierter Acker und rahmt diese sehr nasse Niederung talkesselartig ein. Hier sehe ich die ersten Kraniche des Jahres. Es sind zwei Vögel, die im vergangenen Jahr geschlüpft sind, noch kenntlich an der undeutlichen Kopffärbung, den fehlenden Schmuckfedern und vielen weiteren Details. Es ist etwas ungewöhnlich, sie um diese Jahreszeit schon ohne ihre Eltern zu sehen, die sie oft um die Jahreswende noch begleiten. Was auch immer der Grund dafür ist, möglicherweise beäugen sie zaghaft schon einmal die Gebiete, die sich zum Brüten eignen würden. Oft übersommern Vögel dieses Alters in zukünftigen Revieren und versuchen eine erste Brut im darauffolgenden Jahr.

Im abnehmenden Tageslicht dieses eher grauen Wintertages beginnt das Kranichjahr an der Ostseeküste in Schleswig-Holstein.

13. Februar

In der Nacht sind die Kraniche gezogen. Es war nur ein Trupp, der über das Haus geflogen war, aber mit der warmen Luftströmung, die aus dem Südwesten kam, kamen auch sie.

Den ganzen Winter über hielten sich kleine Gruppen und Paare oder Familien in der Küstenregion an der Ostsee auf. Tagsüber standen sie auf den Maisäckern des Vorjahres, auf Küstenwiesen und am Rande von Schilfgebieten. Abends flogen sie zum sicheren Übernachten an die flach überstauten Strandseen. In warmen Wintern wie diesem ist ihr Anblick hier nicht ungewöhnlich, wenngleich die meisten Kraniche in Frankreich oder Spanien überwintern. Jetzt kommen sie zurück.

An milden Wintertagen balzen die ersten Kraniche in ihren zukünftigen Revieren, und ihre Rufe vereinen sich mit jenen der überwinternden Singschwäne. Es sind die ehemaligen Fischteiche, an denen sich beide Arten treffen, und während die Schwäne die offenen Wasserflächen bevorzugen, stehen die Kranichpaare am Rande – dort, wo Schilf und Rohrkolben sowie Seggen in wenigen Monaten den idealen Sichtschutz für die Jungenaufzucht bilden werden.

Die Bäume sind unbelaubt, die Kätzchen der Hasel leuchten ockerfarben. Winterlinge zeigen an windstillen Bereichen ihre gelben Blüten auf dem grauen Winterboden und Schneeglöckchen strecken sich langsam in die Höhe. Die ersten Amseln singen verhalten an diesem ersten spürbar wärmeren Abend, und es sind die Rufe der Meisen, die von länger werdenden Tagen erzählen. In den nächsten Wochen wird der Himmel oft noch grau sein, es kann schneien, hageln, die Gewässer können zufrieren. Aber das Jahr der Kraniche hat begonnen, hier an der Ostseeküste in Schleswig-Holstein.

15. Februar

Die Morgenfarben sind so unwirklich klar und leuchtend wie bei einem zu schönen Ölgemälde. Der Horizont, die Bäume und die Hügelkuppen zeichnen sich als klare Konturen gegen den Himmel ab. Diesen kalten und windstillen Morgen verzaubern die ersten Amseln mit ihren Gesängen. Drei Kraniche gleiten, nur als Silhouetten sichtbar, über ein Rapsfeld, landen und verbringen den ganzen Morgen hier.

Am Abend suche ich die Kranichreviere des Vorjahres auf. Weder an den Fischteichen noch an den kleinen, mit Röhricht bestandenen Tümpeln auf entlegenen Weideflächen halten sie sich auf. Nur kleine Trupps der schönen Singschwäne sind allgegenwärtig, und ihre Rufe dominieren die Atmosphäre. Erst als sich nur noch das intensive Neapelgelb des Abendhimmels im Wasser einer weiten, überfluteten Niederung spiegelt, sehe ich die Spiegelung von vier Kranichen, die hier die Nacht verbringen werden.

16. Februar

Die Sonne an diesem wundervollen Spätwintertag geht gegen halb acht Uhr auf, und die Kraniche sind nicht mehr in der überstauten Niederung, als ich ankomme. Blässgänse rufen, zwei Silberreiher überfliegen die Stauung, Feldlerchen ziehen und Goldammern sowie Buchfinken singen noch ziemlich ungeübt. In der Nacht hat sich Reif über die Landschaft gelegt, die Wasserflächen sind von einer dünnen Eisschicht überzogen.

Nach einer Viertelstunde Wartezeit kommen sie plötzlich angesegelt: Ganz leise, unauffällig, flach über den Seggenbulten nähern sie sich den noch beschatteten Bereichen der Staufläche. Nach ihrer Landung putzen sie sich, sichern immer extrem vorsichtig die Umgebung und beginnen mit der Gefiederpflege. Es sind zwei vorjährige Kraniche, kenntlich an der gescheckten Kopfmusterung, den braunen, ausgeblichenen Federn am Hals und Brustbereich sowie auf den Flügeln und den alten inneren Armschwingen, die am Hinterrand der Flügel nach unten hängen.

Nach einer fast einstündigen Beobachtungszeit scheint endlich die Morgensonne auf die Vögel, und es entsteht ein schönes Spiel von Licht und Schatten auf ihren Körpern – um genau das zu erleben, bin ich hierhergekommen an diesem lichtdurchfluteten Wintertag.

21. Februar

Die Rufe der Kraniche leiten mich an diesem Abend entlang einer Eichenallee in die Hügellandschaft am Rande eines letztjährigen Brutrevieres, das in einer eiszeitlichen Senke am Rande eines Fischteiches lag. In drei Monaten wird hier der Raps blühen, aber noch bedecken nur dessen Blattrosetten den Boden. Siebzig Singschwäne haben sich hier zur Nahrungsaufnahme niedergelassen, und etwas abseits von ihnen sind es einundzwanzig Kraniche, die lautstark miteinander kommunizieren. Es ist ein Trupp durchziehender Kraniche, der den ganzen Tag über hier gerastet hat. Vollkommen still und ruhig stehen dagegen zwei Kraniche in ihrem vorjährigen Brutgebiet auf einer Überschwemmungsfläche. Im schwindenden Licht dieses wunderbar ruhigen Abends sind nur ihre bewegungslosen Silhouetten zu erkennen – es ist ihr erster Besuch in diesem Jahr!

22. März

Die letzten Tage waren bis auf wenige ganz vorfrühlingshaft warme Momente zumeist kalt, windig und regnerisch – aber die Kraniche bleiben. Sie bleiben nicht paarweise ständig in ihren zukünftigen Revieren. Stattdessen stehen sie tagsüber in kleinen Gruppen auf Wiesen und Feldern, suchen dort Nahrung, und immer wieder balzen sie ausgiebig und intensiv. Erst am Abend ändert sich die Situation und die Kraniche verteilen sich paarweise in die Lebensräume, in denen sie im Vorjahr gebrütet haben. Ganz still sind sie hier, die Partner stehen dicht nebeneinander, sichern die Umgebung, schreiten vorsichtig ihr Revier ab, ohne zu große Entfernungen zwischen sich zuzulassen. Sie beäugen alles und obwohl es wie zufällig wirkt, werden sie sich mit Sicherheit einen genauen Überblick darüber verschaffen, ob das Revier geeignet ist. Wichtig ist vor allem der Wasserstand.

Ist er zu niedrig, gibt es keinen sicheren Neststandort, denn der muss umgeben von Wasser sein. Insofern freue auch ich mich etwas über den vielen Regen, der aus dem Westen in diese Landschaft getragen wird. Es ist die Zeit, in der das Scharbockskraut, das Lungenkraut, die Buschwindröschen und Waldveilchen blühen. Es ist die Zeit, in der die ersten Weiden blühen, ein früher Rosenkäfer über einen sonnigen Hang krabbelt und die gelben Zitronenfalter durch die Luft gaukeln.

1. April

Vor zwei Tagen flog die erste Rauchschwalbe über unseren Hof, und ihre Ankunft ging einher mit einer Warmfront, die kurz die Holsteinische Schweiz gestreift hat. Mit dieser Warmfront hat sich spürbar die Präsenz der Kraniche verändert: Nur noch selten stehen sie auffällig auf den Äckern. Viel mehr höre ich ihre Rufe von den Rändern der mit Röhricht bestandenen Teiche, den überschwemmten Bruchwäldern, den überstauten Niederungen.

In seinem Revier ganz in der Nähe meines Wohnhauses ist das Kranichpaar heimlich geworden. Am späten Nachmittag sitze ich mit meinen Aquarellfarben am Rande eines vorfrühlingshaften Buchenwaldes und habe das Spektiv auf beide Vögel gerichtet, die etwa 200 Meter von mir entfernt heimlich im Rohrkolbendickicht stehen. Im Hintergrund zeichnen sich die Umrisse eines ehemaligen Fischteiches ab, von dem aus die Rothalstaucher rufen.

Die Kraniche sind fast unsichtbar, wenn sie unbeweglich in der vom Gegenlicht durchfluteten Vegetation stehen. Das späte Licht des Nachmittags

spielt mit ihren Farben und Formen, betont sie auf die unterschiedlichsten Arten und Weisen, bringt mal das Rot des Kopfes oder der Iris zum Leuchten, dann wieder verschluckt all das der Schatten.

Vor allem einer der beiden Partner wird hier vollständig unsichtbar, nämlich dann, wenn er sich an einer Stelle im Röhricht immer wieder hinsetzt, etwas dreht, wendet, wieder aufsteht, die Umgebung sichert und dieses Schauspiel lange und ausgiebig wiederholt. Es ist keine Frage: Das Weibchen sucht den konkreten Brutplatz an diesem wunderbaren, aber durch den Ostwind kalten Frühlingstag. Den ganzen Nachmittag über habe ich versteckt von meiner Warte aus einen Einblick in das geheime Leben der Kraniche, sehe ihre Paarung, ihre vorsichtigen Bewegungen, ihre Wachsamkeit und Vorsicht, ihr Komfortverhalten, ihre Heimlichkeit, aber auch ihre unübersehbare Präsenz, wenn sie den vermutlich zukünftigen Brutplatz verlassen, um Seite an Seite auf einer erhöhten Stelle dicht nebeneinander ihr Revier zu überblicken.

Die vom Abendlicht goldgrünen Stämme der hohen Buchen werfen lange Schatten in diesem stillen Wald, als ich mit dem Fahrrad an den Teppichen der Buschwindröschen vorbeifahre und das geheime Leben der Kraniche in dieser empfindlichen Zeit geheim sein lasse.

7. April

Ein weiterer wunderbarer Tag mit blauem Himmel und dem weichen Licht des Nordens. Überall krabbeln Ölkäfer über die Böden und bauen selbst im härtesten Lehmboden Löcher, um ihre Eier zu legen. Tagpfauenaugen, die den Winter frostsicher verbracht haben, besuchen im matten Kleid des Vorjahres die Blüten der Roten Taubnesseln. Der Vogelzug ist in vollem Gange, überall singen durchziehende nordische Rotdrosseln, eine wunderschöne männliche Kornweihe zieht über das Kranichrevier und die Rauchschwalben beleben den Himmel.

Der Weg in das Kranichrevier ist traumhaft: durch den alten Buchenwald, vorbei an dem kleinen Erlenbruch, neben Fischteichen entlang, über denen ein Seeadler kreist, wo Zwergtaucher und Rothalstaucher balzen sowie ein Paar Kolbenenten schwimmt.

Sumpfdotterblumen blühen, Buschwindröschen strecken ihre filigranen, pergamentartig weißen Blüten in Richtung der Sonne und an vielen Stellen geht die Blüte des Scharbockskrautes langsam dem Ende entgegen. In dem Buchenwald brüten seit einiger Zeit Kolkraben, und eine Solitäreiche inmitten einer Weidefläche hat sich ein Uhu zum Brüten auserkoren.

Im Kranichrevier steht nur noch ein Kranich hinter einer Hügelkuppe zwischen zwei Graugänsen. Der zweite Kranich brütet, und irgendwo in den Rohrkolben hält er sich versteckt. Lange suche ich mit dem Spektiv den Bereich dieser Vegetation ab, und es ist nichts zu sehen – bis mit einem Mal eine kaum wahrnehmbare Bewegung den Nistplatz verrät: Ein wachsames Auge, eine Schnabelspitze – mehr ist nicht zu sehen von dem geheimnisvollen Leben inmitten des Kaleidoskops aus Rohrkolben und Schilfstängeln! Es ist die Zeit, in der die übersehene Geschichte eines neuen Lebens beginnt.

3. Mai

In den letzten Wochen war es ruhig in den Kranichrevieren, und bis auf unauffällige Einzelvögel unweit der Neststandorte war kaum etwas zu merken von der Präsenz dieser großen Vögel. Keine Rufe, keine Tänze, keine Flugbewegungen. Die brütenden Vögel verhielten sich extrem heimlich und waren in ihrer unmittelbaren Umgebung nur dann zu erkennen, wenn sie sich zwischen den Halmen der Rohrkolben bewegten oder es einen Brutwechsel der Partner gab.

Um die still brütenden Vögel herum wurde es im Laufe der letzten Woche grüner: Zwischen die Halme der Rohrkolben schoben sich die frischen grünen Jungpflanzen, auf den Wiesen blühten zuerst die Sumpfdotterblumen, danach das Wiesenschaumkraut und die allerersten Kuckuckslichtnelken. Die Gartenrotschwänze kehrten zurück, die Trauerschnäpper, Waldlaubsänger, Schafstelzen und Dorngrasmücken. Die ersten kleinen Amseln wurden gefüttert, junge Uhus saßen in den ausladenden Astgabeln der Eiche und die Rauchschwalben jagten sich um die Resthöfe in der Umgebung der Kranichreviere.

In »meinem« Kranichrevier ist der brütende Kranich gut sichtbar geworden in seinem Versteck aus Hochstauden. Rinder wurden auf die direkt an das Feuchtgebiet grenzende Wiese getrieben und haben sich langsam in den Bereich vorgefressen, in dem der Kranich brütet. Versteckt ist er zwar noch immer, aber lange nicht mehr so gut wie noch vor drei Wochen. Aber er ist noch da, sitzt genauso still auf seinem Nest wie ein Zwergtaucher in direkter Nachbarschaft, und es kann nicht mehr lange dauern, bis die ersten Kranichküken schlüpfen!

9. Mai

Die Kraniche sind verschwunden – zumindest wirkt es so! Auf den sichtbaren Nestern beziehungsweise den Orten, an denen ich die Niststandorte vermutete, herrscht Leere. Nur in einem Revier sehe ich einen extrem vorsichtigen Altvogel, der in der Nähe des Nistplatzes ganz wachsam und langsam durch hohe Seggen wandert. Ich bin mir sicher, dass er Jungvögel führt, er ist zaghafter, langsamer, vorsichtiger als die Altvögel, die noch vor zwei Wochen unterwegs waren. Obwohl das Nest dieses Vogels gut sichtbar mitten auf einer offenen Wasserfläche lag und einfach einzusehen war, ist es nun deutlich schwerer geworden, hier zu beobachten. Nicht nur, dass die Sumpfvegetation des Teiches in die Höhe geschossen ist – auch der Buchenwald, aus dem heraus ich den brütenden Kranich sehen konnte, hat ein fast geschlossenes Blätterdach. Es gibt nur ganz wenige Lücken, durch die der Kranich ab und zu sichtbar wird. Allerdings bleibe ich hier nicht lange. Diese Zeit ist viel zu empfindlich, um Unruhe zu riskieren, und so verschwinde ich nach einer Viertelstunde wieder.

In dem anderen Revier, dort, wo die Rinder meiner Meinung nach den Brutplatz freigefressen hatten, sehe ich gar keinen Altvogel mehr, keine einzige verräterische Bewegung, obwohl ich auch hier von einem Buchenwald aus und in großer Distanz einen guten Überblick über den Lebensraum und das Rohrkolbendickicht habe. Wenn nicht etwas Unvorhergesehenes das Leben dieses Kranichpaares an diesem Ort gestört haben sollte, erfüllt das unglaublich heimliche Verhalten der großen Vögel seinen Sinn, und auch das wäre ein Teil ihrer Geschichte. Verborgenes nicht zu entdecken, zu wissen, dass es Geheimnisse gibt, die in der Natur unbemerkt bleiben, weil sie es bleiben sollen, umgibt sie mit Poesie und Magie.

Genau das ist der Zauber an diesem warmen und windstillen Maiabend, an dem sich Gewitterwolken auftürmen, der Raps zwischen Eichenalleen leuchtet und sein Duft die Luft erfüllt, an dem Laubfrösche und Rotbauchunken zu einem Konzert anstimmen, das bis weit in die Dunkelheit anhält.

10. Mai

Es ist nur ein ganz kurzer Augenblick an diesem Nachmittag: ein Blick durch das Fernglas über eine Wiese, durch eine Reihe von Erlen bis zu einem dahinter liegenden kleinen, mit Rohrkolben umstandenen Teich. Und inmitten dieses Rohrkolbenbestandes zeichnet sich für einen Sekundenbruchteil der Kopf eines Kranichs ab!

Ich wusste, dass dieser kleine Teich ein ehemaliger Brutplatz eines Kranichs war, und habe ihn gelegentlich in diesem Frühjahr aufgesucht, aber nie die Spur eines Brutpaares gefunden. Allerdings habe ich in dieser empfindlichen Zeit immer einen gebührenden Abstand gehalten, um ein eventuell brütendes Paar nicht zu stören. Um dies zu gewährleisten, gibt es nur den Blick von einem versteckten Stichweg aus, der von Feldsteinmauern gesäumt ist, und dieser Blick erlaubt es nur, einen Bruchteil des Areals zu überschauen. Die Kraniche unterhalb der Feldsteinmauer haben alles richtig gemacht: Sie sind heimlich geblieben.

Nach dieser kurzen Beobachtung über die weite Entfernung wähle ich genau diesen Stichweg noch

einmal. Wieder geben mir die Feldsteinmauern den Sichtschutz, die grün werdenden Haselsträucher, Buchen, Feldahorne ebenso. Und immer habe ich dabei den Kranich im Blick, der ungestört der Gefiederpflege nachgeht – und dann erscheint der zweite Kranich direkt daneben! Sie sind für sich, in ihrer Welt, ungestört, natürlich.

Bis zu einer alten, knorrigen Hainbuche arbeite ich mich Stück für Stück vor, immer im Schutz der Brombeerhecken. Von hier aus, das wusste ich von meinen letzten Besuchen, hat man den besten Blick auf den kleinen Teich. Im Zeitlupentempo und geduckt blicke ich genau dorthin, wo die beiden Kraniche stehen – immer noch vollkommen ungestört und so wachsam, wie sie es immer sind, wenn keine akute Gefahr droht. Es ist ein schöner Anblick, diese großen Vögel in ihrem Reich nicht zu beunruhigen und gleichzeitig ihre Schönheit bewundern zu dürfen.

Und dann ist er da, der Moment! Der Moment, in dem das kleine, warm ockerfarbene Knäuel auf zwei langen Beinen hinter einem alten Weidepfahl sichtbar wird. Es putzt sich genauso ungestört wie die Eltern, fühlt sich absolut sicher. Und etwas dahinter im hohen Gras das zweite! Vor mir präsentiert sich eine Bühne, auf der umsorgendes, besorgtes, fürsorgliches und wachsames Familienleben spielt, ohne dass die Protagonisten die Bühne für all das, was sie erzählen, gesucht hätten. Es ist ein Einblick in den geheimsten und heimlichsten Lebensabschnitt der Kraniche.

Es ist so ein unfassbarer Glücksfall, dass die Vögel am Rande einer kleinen Blänke stehen und so perfekt zu sehen sind. Die Kranichküken sind fast immer im Schatten ihrer Eltern, beäugen deren Nahrungssuchverhalten ganz genau, suchen selber nach Nahrung, werden zum Teil noch gefüttert. Ab und zu putzen sie sich, dämmern schläfrig vor sich hin, während ihre Eltern den Schutz, die Nahrung, die Fürsorge gewährleisten.

Es ist das allererste Mal, dass ich einen Einblick haben durfte in diesen Teil des Kranichlebens, an einem Tag, an dem ein kalter Ostwind unter einem blauen Himmel weht und das frische Grün im Kranichrevier Oberhand gewinnt über die graubraunen Hochstauden des Vorjahres.

13. Mai

Für eine Woche waren sie verschwunden, jetzt sind sie wieder da! Das Brutpaar, das sein Revier in dem Rohrkolbendickicht auf der Rinderweide hatte und das ich seit einer Woche geduldig gesucht und nicht gefunden hatte, wandert an diesem schönen kühlen, sonnigen und windigen Abend über die Wiese zielstrebig seinem unmittelbaren Brutplatz zu – und zwischen sich zwei Jungvögel! Erkennbar sind nur ihre Köpfe über dem Gras, zwischen dem Wiesenschaumkraut zu entdecken, bis ihre Eltern sie in die hohe, sichere Vegetation des Schilfes führen. Und hier werden nicht nur die Jungvögel unsichtbar, auch die Eltern verschwinden urplötzlich und sind nicht mehr aufzufinden. Welch vorsichtiges Verhalten, aber wie wichtig ist es für die Sicherheit der Jungvögel.

Der Kreis schließt sich: Von der Erstbesetzung des Revieres, als noch Schnee lag, über die Paarung an einem grauen Tag im März, die Suche nach dem Neststandort im April und das Führen der Jungen über die grünen Wiesen im Mai haben die Kraniche die Jahreszeiten mit Leben gefüllt, und

die Jahreszeiten haben die Rahmenbedingungen dafür geliefert. Das erleben zu dürfen, bedeutet, die Zusammenhänge von Landschaftsstrukturen, von Witterungsbedingungen, von Lebendigem und Unbelebtem im Jahreslauf der Natur zu verstehen: die Bedeutung ungestörter Lebensräume, die Bedeutung auffälligen Revierverhaltens und des Unsichtbarwerdens der Vögel, die Bedeutung hoher Niederschläge für die Schaffung sicherer Brutreviere, die Bedeutung von der geheimen Welt der Niststandorte, die Bedeutung der Nahrungsverfügbarkeit während der Jungenaufzucht und vieler weiterer Faktoren. Alles ist aufeinander eingespielt, alles folgt Gesetzmäßigkeiten, und nur so kann es diese Momente geben, in denen als Ergebnis zwei kleine Kraniche ihren Eltern folgen. Sie erzählen eine unendliche Geschichte.

An einem anderen Ort gab es heute einen weiteren vergleichbar beeindruckenden Moment: Das vollkommen frei sichtbare Nest an einem kleinen Teich hat am Abend zwei ganz junge Küken und ein Elternteil zusammengeführt, die tagsüber im angrenzenden Sumpf unterwegs waren. Es ist ein Bild von Ruhe, Wärme, Fürsorglichkeit und Empfindlichkeit, das durch diese drei so eng miteinander verwobenen Vögel in der Abenddämmerung gezeichnet wird.

5. Juni

Es ist wirklich Glückssache, Kraniche zu finden, die ihre Jungen führen. Selbst dann, wenn man das Revier genau kennt und es immer wieder aufsucht. Nachdem ich vor zwei Wochen festgestellt hatte, dass das Paar aus dem Rohrkolbensumpf zwei Jungvögel führt, bin ich immer wieder da gewesen, habe die Wiesen, die Feldränder, die Röhrichtzonen und Flachwasserbereiche abgesucht – keine Spur von den vier Vögeln! Keine Feder, keine Rufe, keine Bewegungen. Als wären sie vom Erdboden verschwunden.

Aber heute Abend ist es anders: Auf einem schmalen Wiesenstreifen zwischen einer Eichenallee und dem größten ehemaligen Fischteich unweit des Brutplatzes eilen zwischen zwei alten Kranichen die beiden viel größer gewordenen Jungvögel umher. Sie sind immer noch ockerfarben, aber langbeiniger, noch immer ohne Deckfedern, Schwingen und Steuerfedern, und sie wirken vollkommen unbekümmert, während ihre Eltern absolut wachsam sind. Sie müssen den Spagat hinbekommen zwischen der Aufgabe, ihrem Nachwuchs die Welt zu zeigen, und jener, die noch unerfahrenen und hilflosen Jungvögel vor Füchsen zu schützen, vor Seeadlern und Wildschweinen. Deswegen sichern die Altvögel im Abstand von nur wenigen Sekunden immer wieder die Umgebung, deswegen sind sie immer in Bewegung, immer in der Nähe hoher Vegetation, in die sie zur Not flüchten können. Die Jungvögel können kaum Schritt halten mit dem voranschreitenden Altvogel, müssen immer wieder flügelschlagend versuchen, hinterherzukommen. Und das, obwohl sie noch gar keine Federn besitzen.

Es ist keine Ruhe in dem Bild, das sich mir bietet, es ist vielmehr ein Bild von Getriebensein. Der führende Altvogel läuft zielstrebig auf das Röhrichtdickicht zu, in dem das Grün der aufwachsenden Rohrkolbenhalme die Samenstände des Vorjahres erreicht hat. Hier liegt der ehemalige Brutplatz, und hier sind die Jungvögel vor neugierigen

Blicken am besten geschützt. Sobald die kleine Familie diesen Bereich erreicht hat, wird sie wieder unsichtbar: keine Feder, keine Rufe, keine Bewegung.

Auf dem Teich folgen kleine Bleßrallen ihren Eltern, ein daunenummantelter junger Höckerschwan schwimmt zwischen seinen Eltern auf der offenen Wasserfläche und winzige gestreifte Zwergtaucherküken ruhen auf dem Rücken ihrer ebenfalls kleinen Eltern. Der junge Seeadler ruft aus dem nahegelegenen Buchenwald und kleine Kolkraben unternehmen ihre ersten Flugversuche. Amseljunge werden am Rande von Hecken von ihren Eltern gefüttert und daumengroße Zaunkönigjunge schauen keck aus ihren Kugelnestern. Wenn Kuckuckslichtnelken, Geflecktes Knabenkraut und Wiesenkerbel blühen, ist die Zeit der Jungvögel.

6. Juli

Die Landschaft ist genau so, wie die Worpsweder Maler sie so gerne dargestellt haben: Unter dem weiten, klaren und blauen Himmel ziehen Wolken, von einem starken Westwind angetrieben, über die goldgelben und wogenden Getreidefelder, werfen ihre Schatten in die sommerliche Landschaft. Auf den Sandwegen und den offenen Wasserflächen der flachen Teiche sammeln sich die wolligen Knäuel der Pappelsamen und der Duft der Linden durchdringt die abendliche Luft.

Im Revier der Kraniche blühen hohe Gräser, die Sumpfkratzdisteln bilden ausgedehnte Hochstaudenfluren. Das Grün der Rohrkolben und des Schilfes bestimmt die Farbgebung in den Uferbereichen der Fischteiche. Inmitten dieser Vegetation zeigt sich ein Jungvogel, der mittlerweile genauso groß ist wie sein Elternteil, und nur die fehlende Kopfzeichnung sowie die fehlenden Schmuckfedern verraten sein Alter. Er stolziert, von einem seiner Eltern begleitet, am Rande des Brutplatzes umher, immer vorsichtig sichernd. Sobald er mich entdeckt hat, verschwindet er heimlich in einer Senke. Es wird nicht mehr lange dauern, dann wird sich sein Aktionsradius erweitern und im Kranichrevier wird es deutlich ruhiger werden.

5. August

Mitten in einem weitläufigen, hochstämmigen und mit Blaubeeren unterwachsenen Kiefernwald liegt sie auf einmal vor mir: die wundervolle Schirmfeder eines Kranichs! An diesen heißen, ruhigen Sommertagen ertönen die Rufe der Kraniche nur am ganz frühen Morgen, manchmal in der Nacht und selten am Abend. Sie sind unglaublich vorsichtig geworden, oft nur aus der Ferne zu sehen und noch immer im weiteren Umfeld ihrer Brutreviere. Dass ich die Kranichfeder hier im Wald finde, liegt daran, dass diese Art der Wälder einen besonderen Schutz für die großen Vögel bietet, die jetzt aufgrund des Gefiederwechsels teilweise flugunfähig sind und aussehen wie gerupfte Hühner. Die Eleganz verabschiedet sich, bis die neue Federgeneration vorhanden ist.

Und so finde ich nicht nur diese so elegant geschwungene Feder, sondern zusätzlich bräunlich gefärbte Deckfedern unterschiedlicher Größe sowie einige helle Daunenfedern und die an der Spitze oft schwarzen Flügeldeckfedern. Allesamt sind es weiche, graue Kunstwerke, die auf diesem Waldboden die Geschichte von der Bedeutung der Heimlichkeit der Kraniche erzählen.

2. September

Altweibersommer. Die Nächte sind kälter und das Wetter ist wechselhafter geworden. Vorbei sind die heißen und windstillen Tage des Hochsommers, an denen nur ganz früh am Morgen und am Abend das Vogelleben auffällig ist: das Zetern der jungen Neuntöter, die gefüttert werden wollen, das Schwatzen der Schwalben, die harten Warnrufe der Mönchsgrasmücken und Klappergrasmücken in nahrungsreichen Hecken, aber auch die Zugrufe der in den Süden ziehenden Watvögel.

Der weite Himmel über den viel zu kurz vorhandenen goldenen Stoppelfeldern, die im abendlichen Licht und Schatten der Ostholsteiner Hügellandschaft leuchten, der Duft der frisch gepflügten Felder, die Stille – der Herbst und die Zeit des Abschieds werden spürbar.

Es ist jetzt die Zeit, in der die Holunderbeeren reif werden, die Birnen, Äpfel, Pflaumen und Hagebutten. Die roten Früchte des Weißdorns werden sichtbar, die Pfaffenhütchen ganz langsam rosa, und schwarze Brombeeren geben den Knicks einen ganz besonderen Wert.

Die Kraniche sind nicht mehr zuverlässig in ihren Revieren zu finden, sondern streifen in der Umgebung umher. Immer häufiger bilden sich kleine Trupps, die über die Landschaft ziehen. In der Umgebung der Strandseen in der Hohwachter Bucht steigen die Individuenzahlen stetig an, und ihre Rufe mischen sich unter die der Kiebitze, der Graugänse und Kanadagänse, der Goldregenpfeifer, der Schafstelzen, der Flussseeschwalben und Großen Brachvögel. Erst spät am Abend ziehen die Kranichgruppen in die Flachwasserzonen und verbringen die Nacht neben einzelnen Silberreihern und Graureihern. Die beeindruckenden Schwärme in den Hauptrastgebieten entlang der Ostseeküste bauen sich langsam auf. Es ist die Hochzeit des herbstlichen Vogelzuges.

26. September

Die vier Kraniche stehen auf einem gleichförmig braunen, frisch gepflügten Acker unmittelbar neben ihrem Brutrevier. Die beiden Jungvögel und zwei Altvögel sind durch Hecken und hohe Gräser vor störenden Blicken geschützt, und in diesem Gefühl der Sicherheit suchen sie nach Nahrung, gehen der Gefiederpflege nach oder dösen einfach vor sich hin. Sie sind also doch noch hier in dem Revier, das ich seit Anfang des Jahres beobachte, während sich viele Artgenossen an traditionellen Rastplätzen sammeln. Einige Tausend sind es bereits in der Boddenlandschaft Mecklenburg-Vorpommerns, einige Hundert an der Ostseeküste Schleswig-Holsteins.

Etwa zehn Minuten beobachte ich die Vögel vollkommen ungestört. Erst durch einen Trupp vorbeifliegender und laut rufender Kolkraben werden sie wachsam, recken ihre Hälse, und dann beginnen sie über das Feld zu laufen, um Anlauf zu nehmen für den Flug zu ihrem Schlafplatz an diesem Abend. Aber nur drei von ihnen gewinnen wirklich an Höhe. Ein Jungvogel schafft den Abflug nicht. Einer seiner Flügel scheint verletzt zu sein, und so bleibt er alleine auf dem Acker zurück. Junge Kraniche rufen vollkommen anders als Altvögel, es ist nur ein heiseres Fiepen, ganz anders als das Trompeten, mit dem die Altvögel kommunizieren. So mischen sich unter die klagend scheinenden Rufe dieses Jungvogels die

Stimmen der Altvögel mit ihrem zweiten Jungen, die eine Zeit lang über dem verlorenen Familienmitglied kreisen und versuchen, es zu animieren, mitzuziehen. Doch alle Versuche, das Feld zu verlassen, scheitern. Und so kreist und ruft der eine Teil der Familie eine ganze Zeit lang, während es der Jungvogel nicht schafft, sich in die Luft zu erheben. Letztendlich landen die beiden Altvögel mit ihrem Nachwuchs wieder, und die Familie ist vereint. Den Abend und die Nacht werden alle Vögel hier verbringen.

Es ist eindrücklich und bewegend, wie fest die Familienbande dieser großen Vögel sind.

8. Oktober

Es vergeht kein Tag, an dem mir die Kraniche hier nicht begegnen, aber es ist kaum noch festzustellen, welche der Vögel heimische Brutvögel sind und welche bereits Zuzügler aus nördlich oder östlich gelegenen Gebieten sind. Aber letztendlich ist es unerheblich für das Naturerleben, denn schön ist der Anblick immer. Mal stehen sie auf Äckern, seltener auf Wiesen. Letztere sehen zwar schön grün aus, aber zumindest hier in Ostholstein sind sie fast ohne Leben. Zu dicht ist das Gras, viel zu einseitig die Pflanzenwelt und so gut wie ohne Tierleben – eine ökologische Wüste, obwohl man es kaum glaubt. Nicht mal relativ anspruchslose Greifvögel wie der Mäusebussard machen sich hier noch die Mühe der Nahrungssuche. Zumindest für die Kraniche sind daher die Äcker etwas ertragreicher, und deswegen sind sie eher dort zu finden. Und sobald sie umgepflügt werden, kommen auch die Mäusebussarde wieder.

An diesem Abend fahre ich zu einem nahegelegenen Strandsee, der sich seit Jahren zu einem Schlafplatz für kleinere Gruppen von Kranichen gemausert hat. Er ist bei Weitem nicht so spektakulär wie das unfassbar geschäftige Kranichleben an der Ostseeküste in Mecklenburg-Vorpommern. Aber das, was für mich wichtig ist, kann ich auch hier finden: die Abendfarben des Himmels, die sich im Wasser widerspiegeln, aber auch die Körper der Kraniche in ein anderes Licht tauchen. Die interessanten Körperhaltungen der Kraniche bei ihrem Komfortverhalten, das einerseits aktiv ist, zugleich Ruhe vermittelt – wenn sich der Kopf in das Gefieder streckt, um die eine oder andere Feder zu säubern, sich der Hals zum Körperende wendet, um die Schmuckfedern zu pflegen, wenn der elegant schlanke Vogel auf seinen langen Beinen rundlicher wird, um Wärme zu halten, der Kopf in das Gefieder sinkt. Eigentlich sind das für mich die schönsten Momente bei der Kranichbeobachtung, diese eher stillen Momente. Der Kranichtanz ist spektakulär und besonders, aber seine Faszination auf mich ist überschaubarer als diese wunderbar friedlichen Stimmungen am Schlafplatz der Kraniche morgens und abends, wenn das Licht weich ist oder wird.

15. November

Es ist ein warmer und regnerischer Spätherbst. Gelegentlich höre ich von Freunden, dass der Kranichzug in Teilen Deutschlands auffällig ist und die Ketten bereits über Ostwestfalen ziehen, das Marburger Lahntal oder die südlich davon gelegenen Bereiche. Nachts sind dort die trompetenden Rufe der Altvögel zu hören und das unwirkliche Fiepen der Jungvögel, das man vielleicht einem zierlichen Singvogel zuordnen würde, aber niemals einem Kranich. Tagsüber sind es die langen Formationen ziehender Kraniche, die von der Jahreszeit erzählen.

Hier an der Ostseeküste Schleswig-Holsteins ist dieses Zuggeschehen bei Weitem nicht so auffällig. Hier sind es die kleineren Verbände, vielleicht einmal fünfzig Vögel, die sich Richtung Süden orientieren und erst südlich oder östlich von uns zu den Schwärmen zusammenfinden, die die Menschen begeistern. In der Diepholzer Moorniederung treffen sie zusammen, in der Boddenlandschaft auf dem Darß oder in der Müritzregion.

Überhaupt wirkt das Kranichleben in diesem Winter hier stationär. Nach wie vor stehen die Kraniche an den Strandseen, nach wie vor auf den Äckern der Umgebung, und selbst direkt an den Brutplätzen stehen die Paare mit ihren großen Jungvögeln noch immer. Sie sind schweigsam geworden und der Anblick ihrer zumeist sich bedächtig langsam bewegenden Silhouetten wird oft untermalt von der Geräuschkulisse tschackernder Wacholderdrosseln und den Rufen der Kolkraben. Winterstimmung.

30. Dezember

Inmitten der zentralspanischen Dehesa müssten sie stehen, zwischen parkartig gestalteten Hainen aus Korkeichen und Steineichen. Zusammen mit Artgenossen würden sie Eicheln fressen, ab und zu einmal wachsam die Köpfe recken, wenn sich ihnen ein schwarzer spanischer Stier nähert. Vielleicht würden sie sich wenig gestört fühlen von Ziegen, die auf den Bäumen umherklettern, oder aber ab und zu einmal wachsam ihre Köpfe in den Himmel recken, wenn ein Kaiseradler vorbeifliegt. So könnte es sein in den typischen Überwinterungsgebieten, die die Kraniche nach Lehrbuchbeschreibungen in Südeuropa aufsuchen und dies auch immer noch tun.

Aber zwei von ihnen sind hier an diesem grauen Wintertag. Sie stehen eng aneinander und wachsam dort, wo die Geschichte des Kranichjahres begonnen hat – dort, wo drei windgebeugte Weißdornbüsche hinter der Ufervegetation den aufgegebenen Fischteich überblicken. Es muss ein gutes Revier sein.
Die Winter werden wärmer.

Der Maler und Autor

Christopher Schmidt, geboren 1965, ist seit seiner Kindheit fasziniert von der Natur, von dem Kommen und Gehen der Jahreszeiten, von der Vogelbestimmung und dem Vogelzug. Seit er vierzehn ist, malt und zeichnet er nahezu täglich vieles von dem, was ihm in der Natur begegnet. Er hat eine Reihe von Büchern über Vögel illustriert, eigene Bücher über Naturthemen herausgebracht, Artikel in Fachzeitschriften verfasst und viele Länder bereist, unter anderem auch als Reiseleiter, um neben den dort vorkommenden Kranicharten auch die Landschaften und Natur kennenzulernen. Seine Originalzeichnungen werden auf Ausstellungen im In- und Ausland gezeigt. Für seine Illustrationen hat er zahlreiche Auszeichnungen bekommen.

Christopher Schmidt lebt mit seiner Frau im Norden Schleswig-Holsteins, wo die europäischen Kraniche nahezu täglich über den weitläufigen Garten fliegen und Kranichreviere vor der Haustüre liegen.

Seine Homepage: www.naturillustrationen.de

Weitere Informationen

Die zuverlässigsten Informationen über Kraniche in Europa, Nordamerika und Asien bekommen Sie an folgenden Orten:

Europa:
NABU Kranich-Informationszentrum
Lindenstraße 27
18445 Groß Mohrdorf, Deutschland
www.kraniche.de

Nordamerika:
International Crane Foundation
E11376 Shady Lane Road
P.O. Box 447
Baraboo, WI 53913, USA
www.savingcranes.org

Asien:
Izumi Crane Museum and Crane Park
1000 Bunkacho, Izumi City
Kagoshima Prefecture 899-0208, Japan
www.kagoshima-kankou.com/for/attractions/10014

Literatur

Elliott, Andrew, Sargatal, Jordi, Christie, David A. & Josep del Hoyo: **Handbook of the Birds of the World.** Lynx Edicions, Barcelona, 1992 bis 2011 / Special: 2013

Johnsgard, Paul A.: **Cranes of the World.** Indiana Univ. Press, Bloomington, 1983

Nowald, Günter & Hermann Dirks: **Kranichbegegnungen, Kranichwelten. Reportagen, Geschichten und Fakten entlang des westeuropäischen Zugweges.** Naturblick Verlag, Düsseldorf, 2006

Prange, Hartwig: **Die Welt der Kraniche.** Christ Media Natur, Minden, 2016

Treuenfels, Carl-Albrecht von: **Kraniche. Vögel des Glücks.** Rasch und Röhring, Hamburg, 1989

Treuenfels, Carl-Albrecht von: **Zauber der Kraniche.** Knesebeck, München, 2005

Internet

- Crane Trust: https://cranetrust.org
- The Cornell Lab of Ornithology, eBird: https://ebird.org
- Animalia. All you want to know about animals: www.animalia.bio
- International Crane Foundation: www.savingcranes.org
- National Audubon Society: www.audubon.org/news/around-world-15-cranes
- Kranichschutz Deutschland: www.kraniche.de
- KwaZulu-Natal Crane Foundation: www.kzncrane.co.za/about-cranes/cranes-of-the-world/
- Florida Fish and Wildlife Conservation Commission:
  https://myfwc.com/wildlifehabitats/profiles/birds/cranes/whooping-cranes/

Federn, siehe Seite 27

1: Schirmfeder Schreikranich • **2:** Deckfeder Schreikranich • **3:** Deckfeder Mönchskranich
4: Schmuckfeder Mönchskranich • **5:** Deckfeder Schreikranich • **6:** Schmuckfeder Graukranich
7: Deckfeder Kanadakranich • **8:** Handschwinge Kanadakranich • **9:** Steuerfeder Mandschurenkranich • **10:** Handschwinge Mandschurenkranich **11:** Deckfeder Kanadakranich
12: Schmuckfeder Grauer Kronenkranich
13: Schmuckfeder Paradieskranich

1: Porträt Grus grus grus
2: Porträt Grus grus lilfordi • **3:** adult
4: adult fliegend von unten
5: adult fliegend von oben
6: Jungvogel fliegend von oben
7: etwa 9 Monate alt
8: brütend
9: etwa 6 Monate alt
10: etwa 2 Monate alt
11: etwa 3 Tage alt

Graukranich, siehe Seite 54

Jungfernkranich, siehe Seite 62

1: adult
2: adult fliegend
3: Jungvogel fliegend
4: etwa 9 Monate alt
5: etwa 2 Monate alt
6: brütend
7: etwa 6 Monate alt
8: etwa 3 Tage alt

1: adult
2: adult fliegend
3: Jungvogel fliegend
4: etwa 6 Monate alt
5: brütend
6: etwa 2 Monate alt
7: etwa 3 Tage alt

Paradieskranich, siehe Seite 68

oben: Schneekranich, siehe Seite 72
unten: Schreikranich, siehe Seite 84

1: adult
2: adult fliegend von unten
3: adult fliegend von oben
4: Jungvogel fliegend von oben
5: etwa 9 Monate alt
6: etwa 2 Monate alt
7: brütend
8: etwa 6 Monate alt
9: etwa 3 Tage alt

1: Porträt Großer Kanadakranich
2: Porträt Kleiner Kanadakranich
3: adult Großer Kanadakranich
4: adult fliegend von unten
5: adult fliegend von oben
6: Jungvogel fliegend von oben
7: etwa 9 Monate alt • **8:** etwa 2 Monate alt
9: brütend • **10:** Großer Kanadakranich
11: Kleiner Kanadakranich • **12:** adult mit durch Moorwasser eingefärbtem Rücken
13: etwa 6 Monate alt
14: etwa 3 Tage alt

oben: Kanadakranich, siehe Seite 78
unten: Mandschurenkranich, siehe Seite 90

1: adult
2: adult fliegend von unten
3: adult fliegend von oben
4: Jungvogel fliegend von oben
5: etwa 9 Monate alt
6: brütend
7: etwa 6 Monate alt
8: etwa 2 Monate alt
9: etwa 3 Tage alt

1: adult
2: adult fliegend von unten
3: adult fliegend von oben
4: Jungvogel fliegend von oben
5: etwa 9 Monate alt
6: etwa 2 Monate alt
7: brütend
8: etwa 6 Monate alt
9: etwa 3 Tage alt

Mönchskranich, siehe Seite 96

1: adult
2: adult fliegend von unten
3: adult fliegend von oben
4: Jungvogel fliegend von oben
5: etwa 6 Monate alt
6: brütend
7: etwa 9 Monate alt
8: etwa 2 Monate alt
9: etwa 3 Tage alt

Schwarzhalskranich, siehe Seite 102

1: adult
2: adult fliegend von unten
3: adult fliegend von oben
4: Jungvogel fliegend von oben
5: etwa 9 Monate alt
6: brütend
7: etwa 6 Monate alt
8: etwa 2 Monate alt
9: etwa 3 Tage alt

Weißnackenkranich, siehe Seite 108

1: adult
2: adult fliegend von unten
3: adult fliegend von oben
4: Jungvogel fliegend von oben
5: etwa 9 Monate alt
6: etwa 2 Monate alt
7: brütend
8: etwa 7 Monate alt
9: etwa 4 Monate alt
10: etwa 3 Tage alt

Klunkerkranich, siehe Seite 112

1: adult
2: adult fliegend von unten
3: adult fliegend von oben
4: Jungvogel fliegend von oben
5: etwa 9 Monate alt
6: etwa 2 Monate alt
7: etwa 1 Monat alt
8: brütend
9: etwa 7 Monate alt
10: etwa 3 Tage alt

oben: Saruskranich, siehe Seite 118
unten: Schwarzer Kronenkranich, siehe Seite 128

1: adult
2: adult fliegend von unten
3: adult fliegend von oben
4: Jungvogel fliegend von oben
5: etwa 9 Monate alt
6: etwa 2 Monate alt
7: brütend
8: etwa 6 Monate alt
9: etwa 3 Tage alt

oben: Brolga, siehe Seite 124
unten: Grauer Kronenkranich, siehe Seite 134

1: Brolga
2: Saruskranich zum Vergleich
3: adult
4: adult fliegend von unten
5: adult fliegend von oben
6: Jungvogel fliegend von oben
7: etwa 6 Monate alt
8: brütend
9: etwa 9 Monate alt
10: etwa 2 Monate alt
11: etwa 3 Tage alt

1: Unterart Balearica pavonina ceciliae
2: adult
3: adult fliegend von oben
4: adult fliegend von unten
5: etwa 9 Monate alt
6: brütend
7: etwa 3 Monate alt
8: etwa 1 Monat alt
9: etwa 3 Tage alt

1: Unterart Balearica regulorum gibbericeps
2: adult
3: adult fliegend von oben
4: adult fliegend von unten
5: etwa 9 Monate alt
6: brütend
7: etwa 3 Monate alt
8: etwa 3 Tage alt

Wenn Sie sich für weitere Arbeiten von Christopher Schmidt interessieren, besuchen Sie seine Homepage

www.naturillustrationen.de

und stöbern Sie in seiner Palette an Kalendern, Büchern, Postkarten, Kunstdrucken und Originalen. Sie werden darunter viele Kranichartikel finden. Folgen Sie Christopher Schmidt in seinem Blog auf Streifzügen in die Natur, in die Welt der Kraniche und verfolgen Sie seine aktuellen Arbeiten.

Originale und Drucke

jährlich erscheinende Kalender

Bücher und Postkarten

Weitere Bücher aus dem pala-verlag

Brigitte Kleinod, Friedhelm Strickler:
Schön wild!
ISBN: 978-3-89566-367-3

Uwe Westphal:
Mehr Platz für den Spatz!
ISBN: 978-3-89566-353-6

Uwe Westphal:
Das große Buch der Gartenvögel
ISBN: 978-3-89566-375-8

Farina Graßmann:
Wunderwelt Totholz
ISBN: 978-3-89566-401-4

Ulrike Aufderheide:
Tiere pflanzen
ISBN: 978-3-89566-388-8

Michael Altmoos:
Besonders: Schmetterlinge
ISBN: 978-3-89566-408-3

ISBN: 978-3-89566-410-6

Am Molkenbrunnen 4, 64287 Darmstadt
www.pala-verlag.de

Umschlag- und Innenillustrationen:

www.naturillustrationen.de

Kartografie Verbreitungskarten: Eva Gutzeit-Pohl

Lektorat und Gestaltung: Angelika Eckstein

Druck und Bindung: Offizin Scheufele, Druck & Medien, Stuttgart
www.scheufele.de
Printed in Germany

Gedruckt auf
100% Recyclingpapier